# 药赏食兼用植物图鉴

# 230 种

任全进　廖盼华　唐　成　于金平　编

化学工业出版社

·北京·

## 内容简介

《药赏食兼用植物图鉴230种》收录了230种常见的观赏兼食用的药用植物，编者结合三十多年的科研和工作经验，对每种植物介绍了其形态特征、生长习性、药用功效、食用方法、观赏价值及园林应用，是一本集观赏兼食用、园林设计应用、药用介绍于一体的科学性、趣味性、实用性较强的植物类科普读物。每种植物均配有3～5张高清彩色图片，图文并茂，言简意赅。

本书可作为普通高等院校和职业院校园林、园艺、中医药、农学、林学、植物学等专业师生的教学实习参考书，也可作为园艺爱好者的参考用书。

**图书在版编目（CIP）数据**

药赏食兼用植物图鉴230种 / 任全进等编. -- 北京：化学工业出版社，2025. 2. -- ISBN 978-7-122-47023-2

Ⅰ. S567-64

中国国家版本馆CIP数据核字第2024ZX5506号

责任编辑：尤彩霞　　　　　　　　装帧设计：关　飞
责任校对：李露洁

出版发行：化学工业出版社
　　　　　（北京市东城区青年湖南街13号　邮政编码100011）
印　　装：北京宝隆世纪印刷有限公司
880mm×1230mm　1/32　印张7¹⁄₂　字数251千字
2025年3月北京第1版第1次印刷

购书咨询：010-64518888　　　　　售后服务：010-64518899
网　　址：http://www.cip.com.cn
凡购买本书，如有缺损质量问题，本社销售中心负责调换。

定　　价：88.00元

# 前　言

在人类与自然和谐共生的漫长历史中，植物是人类生存不可或缺的部分。植物不仅是地球生态系统的基础，更是人类健康、文化和艺术的源泉。在众多的植物当中，有一类植物尤为特殊——它们不仅拥有美丽的外观，能够装扮人们的生活空间，而且还具有药用和食用价值，这就是药赏食兼备植物。

《药赏食兼用植物图鉴230种》一书，作者对每种植物的形态特征、生长习性、药用功效、观赏价值、园林用途及食用方法等进行了简明扼要的描述，全书通俗易懂，图文并茂，读者在欣赏植物美丽外观的同时，也能够对其药用功效、食用方法有所了解。本书力求内容准确、科学、实用，希望广大读者通过对本书的阅读，不仅能够拓宽视野，增长知识，还能在日常生活中更好地利用这些植物资源，提升生活品质，促进身心健康。

本书具有较强的科普鉴赏价值，适合从事植物学、农学、林学、医药卫生、保健康养、烹饪饮食、园林规划、园林设计、园林施工、家庭园艺、花艺、苗木生产等工作者以及对自然和健康感兴趣的读者阅读。希望通过本书的传播，能够激发更多的人提升对自然科学的兴趣及传统中医药的认知，促进人与自然和谐共生的理念更加深入人心。

《药赏食兼用植物图鉴230种》由任全进（江苏省中国科学院植物研究所南京中山植物园）、廖盼华（江苏省中国科学院植物研究所南京中山植物园）、唐成（无锡市园林工程有限责任公司）、于金平（江苏省中国科学院植物研究所南京中山植物园）共同编写，在编写过程中得到了江苏省中医养生学会药食同源产品研究分会、江苏省风景园林协会的支持，在此表示感谢。

由于编者水平有限，书中难免会有遗漏和不足，敬请广大读者批评指正。

任全进

江苏省中国科学院植物研究所（南京中山植物园）

2024年10月

# 目 录

# 乔木

## 1.白兰

*Michelia×alba* DC

**科属**：木兰科含笑属

**形态特征**：常绿乔木。叶薄革质，长椭圆形或披针状椭圆形，正面无毛，背面疏生微柔毛，托叶痕达叶柄中部。花白色，蓇葖疏生的聚合果熟时鲜红色。花期 4～9 月份，夏季盛开，通常不结实。

**生长习性**：喜温暖湿润的气候，不耐寒冷和干旱，适合于微酸性土壤。

**药用功效**：根、叶、花入药。根：清热解毒、止血凉血；叶：清热利尿、止咳化痰；花：化湿、行气、止咳。

**观赏价值及园林用途**：株形优美，花芳香，是著名的庭园观赏树种，多栽为行道树。

**食用方法**：将花和面粉混合，使用一些调料调味，再用油煎熟，即可食用。也可用来煮粥。花可用糖腌制，当做蒸糕的配料或制茶。

## 2. 垂柳

*Salix babylonica* L.

**科属**：杨柳科柳属

**形态特征**：落叶乔木，树冠开展而疏散。叶狭披针形或线状披针形，托叶仅生在萌发枝上。花序先叶开放，或与叶同时开放。蒴果带绿黄褐色。花期3～4月份，果期4～5月份。

**生长习性**：耐寒，耐涝，耐旱，喜温暖至高温，对环境的适应性很广。

**药用功效**：枝、叶、树皮、根皮、须根等入药，祛痰明目、清热解毒、利尿防风。

**观赏价值及园林用途**：树形优美，放叶、开花早，早春满树嫩绿，具有很高的观赏价值，是美化庭院的理想树种。

**食用方法**：采嫩叶洗净，开水焯熟，捞出来加点盐、麻油调味即可食用，也可晒干制茶。

# 3. 刺槐

*Robinia pseudoacacia* L.

**科属：** 豆科刺槐属

**形态特征：** 落叶乔木，小枝具托叶刺。羽状复叶，常对生，叶椭圆形、长椭圆形或卵形。总状花序腋生，下垂，花白色。荚果褐色，或具红褐色斑纹。花期4～6月份，果期8～9月份。

**生长习性：** 温带树种，喜土层深厚、肥沃、疏松、湿润的壤土。

**药用功效：** 花入药，止血。

**观赏价值及园林用途：** 树冠高大，叶色鲜绿，每当开花季节绿白相映，素雅而芳香。冬季落叶后，枝条疏朗向上，很像剪影，造型有国画韵味，可作为行道树、庭荫树。

**食用方法：** 花采摘后可以做汤、拌菜、焖饭，亦可做槐花糕、包饺子，日常生活中最常见的就是蒸槐花（又名槐花麦饭）。

# 4. 杜梨

*Pyrus betulifolia* Bunge

**科属：** 蔷薇科梨属

**形态特征：** 落叶乔木。叶片菱状卵形至长圆卵形，幼叶上下两面均密被灰白色绒毛，成长后脱落。伞形总状花序，花瓣白色。果实近球形，褐色，有淡色斑点。花期4月份，果期8～9月份。

**生长习性：** 喜光，抗干旱，耐寒凉，适生性强。

**药用功效：** 叶、枝、根、果实入药。根、叶：润肺止咳、清热解毒；果实：健胃、止痢。

**观赏价值及园林用途：** 春赏花，夏观叶，秋食果，可用于街道庭院及公园的绿化树。冬季落叶后，灰黑龟裂粗犷的树干更显出嶙峋古朴自然，也可制成盆景，韵味十足。

**食用方法：** 鲜果直接食用较涩，农村用麦秸闷熟后食用口感较甜，或蒸熟后食用，也可泡酒食用。

# 5. 杜仲

*Eucommia ulmoides* Oliver

**科属：** 杜仲科杜仲属

**形态特征：** 落叶乔木。树皮内含橡胶，折断拉开有多数细丝。叶椭圆形、卵形或矩圆形，薄革质。花生于当年枝基部，雄花无花被，雌花单生。翅果扁平，长椭圆形，周围具薄翅；坚果位于中央，稍突起。早春开花，秋后果实成熟。

**生长习性：** 喜温暖湿润气候和阳光充足的环境，能耐严寒。

**药用功效：** 树皮入药，补肝益肾、强筋壮骨、调理冲任。

**观赏价值及园林用途：** 树干挺直，树冠紧凑，非常密集，遮阴面积大，树皮呈灰白色或灰褐色，叶子颜色又浓又绿，美观协调，是良好的绿化和行道树种。

**食用方法：** 杜仲嫩叶可以制茶泡茶，杜仲干枝可以泡酒饮用。果实不能食用。

# 6. 番木瓜

*Carica papaya* L.

**科属：** 番木瓜科番木瓜属

**形态特征：** 常绿软木质小乔木，具乳汁；茎不分枝或有时于损伤处分枝，托叶痕螺旋状排列。叶聚生于茎顶端，近盾形。花单性或两性，有些品种雄株偶生两性花或雌花，并结果，有时雌株出现少数雄花。浆果肉质，成熟时橙黄色或黄色。花果期全年。

**生长习性：** 喜高温多湿、热带气候，不耐寒。

**药用功效：** 果实入药，健胃消食、滋补催乳、舒筋通络。

**观赏价值及园林用途：** 优美的树姿和集中的花簇也使其成为优良的观赏植物。可于庭前、窗际或住宅周围栽植，提升景观美观度。

**食用方法：** 成熟的番木瓜，适合当水果吃，吃时刨皮，去籽，吃木瓜肉。未成熟的青色番木瓜可和肉类同炖。

# 7. 番石榴

*Psidium guajava* L.

**科属：**桃金娘科番石榴属

**形态特征：**乔木，树皮片状剥落。叶片革质，长圆形至椭圆形。花单生或 2～3 朵排成聚伞花序，花白色。浆果球形、卵圆形或梨形。

**生长习性：**适宜热带气候，常生于荒地或低丘陵上。

**药用功效：**叶、果实入药、收敛止泻、止血。

**观赏价值及园林用途：**树形优美，树皮平滑，白花轻盈透亮，可作盆栽或庭院观赏植物。

**食用方法：**既可作新鲜水果生吃，也可煮食，制作成果酱、果冻、酸辣酱等各种酱料。

# 8. 菲油果

*Acca sellowiana* (O. Berg) Burret

**科属**：桃金娘科野风榴属

**形态特征**：常绿小乔木。枝圆柱形，灰褐色。叶片革质，椭圆形或倒卵状椭圆形。花瓣外面有灰白色绒毛，内面带紫色；雄蕊与花柱略红色。浆果卵圆形或长圆形，外面有灰白色绒毛，顶部有宿存的萼片。花期5～6月份，果期6～11月份。

**生长习性**：喜光，喜温暖湿润环境，耐热，较耐寒。

**药用功效**：果入药，排毒养颜。

**观赏价值及园林用途**：枝叶茂密，四季常绿，花形美观，主要应用在花景造型中，非常适合栽植于公园和居住区内，可布置花坛或作果篱、绿篱，也可盆栽。叶色独特，花朵娇艳，观赏价值很高。树形可以修成球，亦可做成绿篱。

**食用方法**：花瓣可食用，口感较甜，营养丰富。果实鲜食，还可加工成果酒、果汁、果酱、果冻、蜜饯、酸辣酱、冰淇淋等。

# 9.柑橘

*Citrus reticulata* Blanco

**科属：** 芸香科柑橘属

**形态特征：** 常绿小乔木。单身复叶，翼叶通常狭窄，或仅有痕迹，叶片披针形、椭圆形或阔卵形，大小变异较大，顶端常有凹口。花单生或2～3朵簇生，花柱细长，柱头头状。果形种种，通常扁圆形至近圆球形，果皮甚薄而光滑，或厚而粗糙，淡黄色、朱红色或深红色，甚易或稍易剥离，橘络呈网状，果肉酸或甜，或有苦味，或另有特异气味。花期4～5月份，果期10～12月份。

**生长习性：** 喜温暖湿润气候。

**药用功效：** 果肉、皮、核、络均可入药，通络、化痰、理气、消滞。

**观赏价值及园林用途：** 四季常青，树姿美丽，果实橘黄，色泽艳丽，集赏花、观果、闻香于一体，是一种很好的庭园观赏植物，也适合盆栽观赏。

**食用方法：** 常见水果，可以鲜食、榨汁，制作甜品、罐头等。

# 10. 橄榄

*Canarium album*

**科属：** 橄榄科橄榄属

**形态特征：** 常绿乔木。小枝幼部被黄棕色绒毛，很快变无毛；髓部周围有柱状维管束，稀在中央亦有若干维管束。有托叶，仅芽时存在，着生于近叶柄基部的枝干上。小叶纸质至革质，披针形或椭圆形（至卵形），背面有极细小疣状突起。花序腋生，微被绒毛至无毛；雄花序为聚伞圆锥花序，多花；雌花序为总状，具花12朵以下。果卵圆形至纺锤形，横切面近圆形，无毛，成熟时黄绿色；外果皮厚，干时有皱纹；果核渐尖，横切面圆形至六角形，在钝的肋角和核盖之间有浅沟槽，核盖有稍凸起的中肋，外面浅波状。花期4～5月份，果10～12月份成熟。

**生长习性：** 喜温暖至高温、湿润、向阳之地。性强健，耐热也耐寒、耐旱、耐贫瘠，能够在多种环境中生长，包括丘陵、红黄土壤、山地等环境。

**药用功效：** 果实、根、果核、果实的蒸馏液、种仁均可入药。果实：清肺、利咽、生津、解毒；根：祛风湿、舒筋络、利咽喉；果核：解毒、敛疮、止血、利气；果实的蒸馏液：清肺、利咽喉、生津止渴；种仁：润燥、醒酒、解毒。

**观赏价值及园林用途：** 四季常青，树冠挺拔苍翠，叶背覆有白色鳞片。在阳光照射下，银白与碧绿相映生辉，风姿绰约，是高端园林景观、精致庭院、别墅、广场等绿化的优质树种。

**食用方法：** 果实食用方法很多，成熟果可以直接吃，还可加工成蜜饯类橄榄制品、橄榄汁饮料、橄榄菜等。种仁可以压榨成橄榄油。

# 11. 构树

*Broussonetia papyrifera* (Linnaeus) L'Heritier ex Ventenat

**科属**：桑科构属

**形态特征**：落叶乔木，小枝密生柔毛。叶螺旋状排列，广卵形至长椭圆状卵形。花雌雄异株；雄花序为柔荑花序，雌花序球形头状。聚花果，成熟时橙红色，肉质。花期4～5月份，果期6～7月份。

**生长习性**：平原、丘陵或山地都能生长，喜光，耐寒耐旱，较耐水湿，喜酸性土壤。

**药用功效**：根皮（地骨皮）、嫩茎叶（枸杞叶）入药。根皮：清虚热、泻肺火、凉血；茎叶：补虚益精、清热明目。

**观赏价值及园林用途**：枝叶茂密，花果艳丽，是良好的观叶观果树种，可作孤赏树、庭院树及风景林树。

**食用方法**：果成熟后酸甜，可直接食用，但需除去灰白色膜状宿萼及杂质。花洗净后和面粉拌匀，蒸煮后蘸酱吃。嫩芽叶开水焯烫后凉拌或做饺子馅。

# 12. 光皮梾木

*Cornus wilsoniana* Wangerin

**科属：** 山茱萸科山茱萸属

**形态特征：** 落叶乔木。树皮灰色至青灰色，块状剥落。叶对生，纸质，椭圆形或卵状椭圆形，边缘波状，微反卷，上面深绿色，有散生平贴短柔毛，下面灰绿色，密被白色乳头状突起及平贴短柔毛。顶生圆锥状聚伞花序，被灰白色疏柔毛。花小，白色；花瓣4，长披针形，上面无毛，下面密被灰白色平贴短柔毛。核果球形，成熟时紫黑色至黑色。花期5月份；果期10～11月份。

**生长习性：** 喜光，耐寒，喜深厚、肥沃而湿润的土壤。对土壤适应性较强，在微盐、碱性的沙壤土和富含石灰质的黏土中均能正常生长。

**药用功效：** 树皮入药，祛风通络、利湿止泻。

**观赏价值及园林用途：** 树枝叶茂密、树皮光滑美观，树姿优美、树皮斑斓、干直挺秀、抗病虫害能力强，初夏开满树银花，是植树造林和新农村建设的优良品种，可用作庭荫树，行道树，且孤植或丛植均能自然成景。

**食用方法：** 花是养蜂蜜源，果实作为原料可生产加工制成的食用油。嫩叶可以做菜吃，口感好，营养高。

# 13. 合欢

*Albizia julibrissin* Durazz.

**科属：**豆科合欢属

**形态特征：**落叶乔木。二回羽状复叶，总叶柄近基部及最顶一对羽片着生处各有1枚腺体。头状花序于枝顶排成圆锥花序；花粉红色。荚果带状，嫩荚有柔毛，老荚无毛。花期6～7月份，果期8～10月份。

**生长习性：**喜温暖湿润和阳光充足环境。

**药用功效：**树皮及花入药，安神解郁、活血止痛、开胃利气。

**观赏价值及园林用途：**树形优美，叶形纤细如羽，昼开夜合，夏季绒花盛开满树，秀丽雅致，且花期长，是美丽的庭园观赏树种。宜作庭荫树、行道树。将其种植在林缘、房前、草坪、山坡上，可以起到点缀的效果。

**食用方法：**合欢花晒干后，可以单独泡水喝，也可以与蜂蜜或者白糖搭配；还可以做成粥类炖汤食用。

# 14. 核桃

*Juglans regia* L.

**科属：** 胡桃科胡桃属

**形态特征：** 落叶乔木。奇数羽状复叶，小叶椭圆状卵形至长椭圆形。雄性柔荑花序下垂，雌性穗状花序。果实近于球状，无毛。花期5月份，果期10月份。

**生长习性：** 喜光，耐寒，抗旱，喜肥沃湿润的沙质壤土。

**药用功效：** 种仁、花、未成熟果实外果皮（胡桃青皮）、未成熟的果实（青胡桃果）、果核内的木质隔膜（分心木）、成熟果实的内果皮（胡桃壳）、叶、嫩枝、根或根皮、种仁脂肪油、树皮、种仁返油而成黑色者（油胡桃）均可入药。种仁：补肾益精、温肺定喘、润肠通便；胡桃青皮：止痛、止咳、止泻、解毒；嫩枝：杀虫止痒、解毒散结；根或根皮：止泻、止痛、乌须发。

**观赏价值及园林用途：** 树冠雄伟、枝叶繁茂、绿荫盖地，在园林中可作道路绿化。

**食用方法：** 种仁含油量高，可生食，也可煮水、榨汁、烧菜、煮粥，亦可榨油食用。

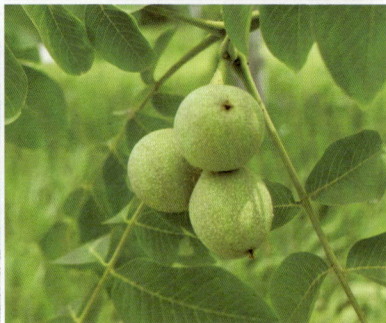

# 15. 红豆杉

*Taxus wallichiana* Zucc. var. *chinensis* (Pilger) Florin

**科属：**红豆杉科红豆杉属

**形态特征：**常绿乔木。叶条形，螺旋状着生，基部扭转排成二列。雌雄异株，球花单生于叶腋。种子扁卵圆形，生于红色肉质的杯状假种皮中。

**生长习性：**耐旱，抗寒，喜湿润通风的气候。

**药用功效：**茎、枝、叶、根入药，利尿消肿、温肾通经。

**观赏价值及园林用途：**常年翠绿，树姿优美，果实成熟期红绿相映令人陶醉，是小区、庭院、公园等城区绿化的首选。盆景造型古朴典雅，枝叶紧凑而不密集，舒展而不松散。

**食用方法：**日常生活中，不提倡将红豆杉直接吃，它的食用方法类似中药，将其枝叶放进锅里面慢炖煲汤；或者利用叶子、细枝和果皮可以加工开发成茶叶等饮料，作为饮料开发制成保健茶。

# 16. 花椒

*Zanthoxylum bungeanum* Maxim.

**科属：**芸香科花椒属

**形态特征：**落叶小乔木。有小叶，小叶对生，卵形、椭圆形、稀披针形，位于叶轴顶部的较大，近基部的有时圆形。花序顶生或生于侧枝之顶，花被片黄绿色。果紫红色，单个分果瓣散生微凸起的油点。花期4～5月份，果期8～9月份或10月份。

**生长习性：**喜光，适宜温暖湿润及土层深厚肥沃壤土、沙壤土。

**药用功效：**成熟果皮和种子入药。成熟果皮：温中止痛、杀虫止痒；种子：利水消肿、祛痰平喘。

**观赏价值及园林用途：**枝条苍劲、小叶翠绿，香气浓郁，春天盛开的白花和绿野映衬，引人入胜。秋天果红似火，压满枝头，色彩艳丽迷人，极具观赏价值。在地埂埝边、荒坡荒山都能栽植，能够防风固土、绿化环境。

**食用方法：**成熟果实为中国特有的香料，位列调料"十三香"之首。无论红烧、卤味、小菜、四川泡菜、鸡鸭鱼羊牛等菜肴均可用到它，也可粗磨成粉和盐拌匀为椒盐，供蘸食用。

# 17. 槐

*Styphnolobium japonicum* (L.) Schott

**科属：**豆科槐属

**形态特征：**落叶乔木。奇数羽状复叶，互生。圆锥花序顶生，常呈金字塔形，花冠白色或淡黄色。荚果串珠状。花期 7～8 月份，果期 8～10 月份。

**生长习性：**喜光而稍耐阴。能适应较冷气候，对土壤要求不严。

**药用功效：**叶、枝、根、果实入药。叶：清肝泻火、凉血解毒、燥湿杀虫；枝：散瘀止血、清热燥湿、祛风杀虫；根：散瘀消肿、杀虫；果实：凉血止血、清肝明目。

**观赏价值及园林用途：**枝叶茂密，绿荫如盖，适作庭荫树、行道树等。

**食用方法：**花蕾可以搭配大黄一起做汤，还可以煮粥或直接泡茶。

# 18. 黄连木

*Pistacia chinensis* Bunge

**科属**：漆树科黄连木属

**形态特征**：落叶乔木。树干扭曲，树皮暗褐色。小叶对生或近对生，纸质，侧脉和细脉两面突起。花单性异株，先花后叶，花小。核果球形，熟时呈红色或紫蓝色。花期2～4月份，果期8～11月份。

**生长习性**：喜光，耐寒，耐干旱瘠薄，抗风力强，抗空气污染。

**药用功效**：树皮、叶入药，清热解毒、祛暑止渴、生津利湿。

**观赏价值及园林用途**：树冠阔大浑圆，枝叶秀丽繁茂，早春嫩叶红色，入秋后叶片变成橙红或橙黄，红色的雌花序似鸡冠，极美观，是城市及风景区的优良绿化树种。宜作庭荫树、行道树及观赏风景树，也常作"四旁"绿化及低山区造林树种。

**食用方法**：在4～6月份采摘嫩芽，嫩芽和种子可食。嫩叶可代茶，还可腌食。种子既可以榨油，也可炒制一下，当做瓜子食用。

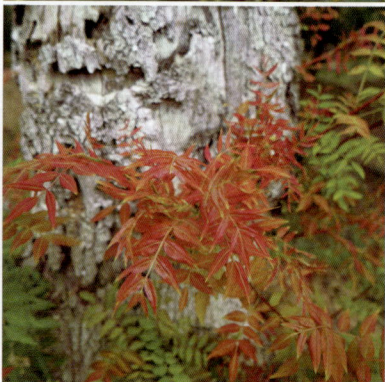

# 19. 黄皮

*Clausena lansium* (Lour.) Skeels

**科属**：芸香科黄皮属

**形态特征**：常绿小乔木。小叶卵形或卵状椭圆形，常一侧偏斜。圆锥花序顶生，果圆形、椭圆形或阔卵形，淡黄至暗黄色，被细毛。花期4～5月份，果期7～8月份。

**生长习性**：喜温暖、湿润、阳光充足的环境。对土壤要求不严。

**药用功效**：果实入药，行气、消食、化痰。

**观赏价值及园林用途**：树冠浓绿，树姿优美，开花时香气袭人，常种植于庭院中供观赏。

**食用方法**：成熟果实营养成分丰富，除鲜食外，还可加工制成果冻、果酱、果干、蜜饯等。

# 20. 君迁子

*Diospyros lotus* L.

**科属：** 柿科柿属

**形态特征：** 落叶乔木，冬芽先端尖。叶近膜质，椭圆形至长椭圆形。雄花腋生，簇生，带红色或淡黄色；雌花单生，淡绿色或带红色。果近球形或椭圆形，初熟时为淡黄色，后则变为蓝黑色，常被白色薄蜡层。花期5～6月份，果期10～11月份。

**生长习性：** 性强健，阳性树种，耐寒，耐干旱瘠薄，很耐湿，抗污染，喜肥沃深厚土壤。

**药用功效：** 果和种子入药，清热、止渴。

**观赏价值及园林用途：** 广泛种植于园林中或者是道路两旁作为行道树，是一种常见的风景树。

**食用方法：** 果实（黑枣）成熟后去涩生食、煲汤、制糖，可酿酒、制醋，等等。

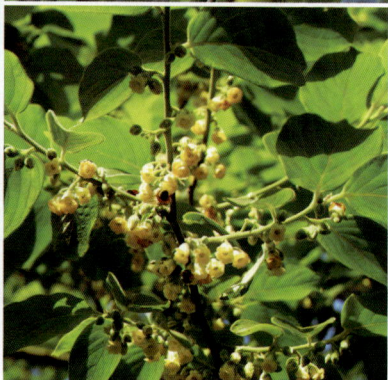

# 21.李

*Prunus salicina* Lindl.

**科属：** 蔷薇科李属

**形态特征：** 落叶乔木。叶片长圆倒卵形、长椭圆形，稀长圆卵形，边缘有圆钝重锯齿，常混有单锯齿，幼时齿尖带腺。花通常3朵并生，花瓣白色，有明显带紫色脉纹。核果球形、卵球形或近圆锥形，栽培品种黄色或红色，有时为绿色或紫色，外被蜡粉。花期4月份，果期7～8月份。

**生长习性：** 适宜气候凉爽、较干燥的丘陵区，对气候适应性强，极不耐积水。

**药用功效：** 果实、种子、叶、花、根、根皮、树脂均可入药。果实：清热、生津、消积；种子：祛瘀、利水、润肠；叶：清热解毒；根：清热解毒、利湿。

**观赏价值及园林用途：** 花色雪白，丰盛繁茂，果实颜色艳丽，观赏效果佳，适宜作观赏树。可孤植、丛植及群植于公园绿地、山坡、水畔、庭院等地。

**食用方法：** 成熟果实可生食，还常被用来制作果汁、李子干、蜜饯、果酱、罐头之类的食品。

# 22. 栗

*Castanea mollissima* Blume

**科属**：壳斗科栗属

**形态特征**：落叶乔木，茎枝较粗，呈圆柱形，茎枝表面深绿色，有细纵纹和小绒毛。叶多卷曲，具短柄，叶片呈椭圆形，叶背面黄褐色，幼叶被细茸毛。花朵较小，淡黄色，花冠较大，柱头黄色。花期5～6月份；果期7～8月份。

**生长习性**：喜阳光充足、气候湿润，耐寒、耐旱，喜沙质土壤。

**药用功效**：种仁入药，养胃健脾、补肾强筋、活血止血。

**观赏价值及园林用途**：树冠圆大，枝繁叶茂，外形美观，秋季果实累累，适宜在公园景点及山坡荒地种植，是山区绿化造林和水土保持的理想树种。

**食用方法**：成熟果实可生食或炒食，也可脱壳磨粉制糕点、豆腐等副食品。

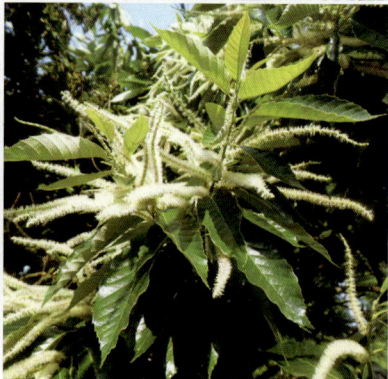

# 23. 龙眼

*Dimocarpus longan* Lour.

**科属**：无患子科龙眼属

**形态特征**：常绿乔木。小叶薄革质，长圆状椭圆形至长圆状披针形，两侧常不对称。花序大型，多分枝，顶生和近枝顶腋生，密被星状毛，花瓣乳白色。果近球形，通常黄褐色或有时灰黄色，外面稍粗糙，或少有微凸的小瘤体；种子全部被肉质的假种皮包裹。花期春夏间，果期夏季。

**生长习性**：喜高温多湿，耐旱、耐酸、耐瘠，忌浸忌涝，在红壤丘陵地、旱平地生长良好。

**药用功效**：根、根皮、种子、花、果皮、假种皮、树皮、叶和嫩芽均入药。根和根皮：清利湿热；种子：行气散结，止血，燥湿；花：通淋化浊。果皮：祛风，解毒，敛疮，生肌；假种皮：补益心脾，养血安神；树皮：杀虫消积，解毒敛疮；叶和嫩芽：发表清热，解毒；燥湿。

**观赏价值及园林用途**：著名的热带水果，属于观叶、观果植物，为优良的庭园风景树和绿荫树。

**食用方法**：成熟的鲜龙眼可直接食用，烘成干果后即成为中药里的桂圆，可用于泡茶或煲粥、煲汤、煮糖水。

## 24. 栾树

*Koelreuteria paniculata* Laxm.

**科属**：无患子科栾属

**形态特征**：落叶乔木。奇数羽状复叶，嫩叶紫红，秋叶金黄。圆锥形花序大，顶生，花黄色，中心紫色。蒴果三角状卵形，成熟后为橘红色或红褐色。花期7～8月份，果熟期10月份。

**生长习性**：喜光而能耐半阴，耐寒，耐干旱瘠薄，不择土壤，可耐轻度盐碱和短时间水涝。

**药用功效**：花入药，清肝明目、清热止咳。

**观赏价值及园林用途**：春赏叶、夏观花、秋冬赏果，有着一年四季的美。栾树还抗污染，它可以吸附大量的有害粉尘颗粒和一些有害气体。

**食用方法**：早春的栾树嫩芽，采后不能直接食用，需开水焯熟，清水浸泡后去除苦味，加入油、盐调拌食用。

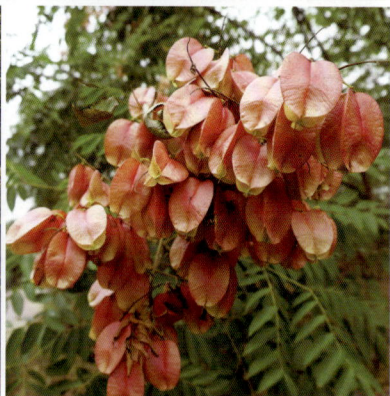

# 25. 麻栎

*Quercus acutissima* Carr.

**科属：** 壳斗科栎属

**形态特征：** 落叶乔木。叶片形态多样，通常为长椭圆状披针形。雄花序常数个集生于当年生枝下部叶腋，小苞片钻形或扁条形，向外反曲，被灰白色绒毛。坚果卵形或椭圆形，果脐突起。花期3～4月份，果期翌年9～10月份。

**生长习性：** 喜光，喜温暖湿润气候，耐寒，耐旱。

**药用功效：** 果实及树皮、叶入药。树皮、叶：收敛、止痢；果：解毒消肿。

**观赏价值及园林用途：** 树体雄伟，冠大荫浓，叶色多姿，具有较佳的视觉美感和文化内涵。

**食用方法：** 晒干去壳，用清水浸泡一个月左右（麻栎果天生有种又苦又涩的味道，一定要泡够时间），把果肉搅碎成粉，放到水里面沉淀。做豆腐时，把麻栎果粉放在开水中熬成面糊，不停搅拌，待面糊冷却，就变成一整块的麻栎果豆腐。颜色呈现黄褐色，下锅翻炒以后就像"鸭血"一般。

# 26. 杧果

*Mangifera indica* L.

**科属:** 漆树科杧果属

**形态特征:** 常绿大乔木。叶薄革质,常集生于枝顶,叶形和大小变化较大,通常为长圆形或长圆状披针形。圆锥花序,多花密集,花黄色或淡黄色。核果大,肾形(栽培品种其形状和大小变化极大),压扁状,成熟时黄色,中果皮肉质,肥厚,鲜黄色。12月~翌年2月份开花,有时会提前至11月份或延迟到翌年3月份,盛花期春节前后。7~8月份结果。

**生长习性:** 适宜温暖阳光充足的环境,不耐寒霜。

**药用功效:** 果、果核、叶入药。果、果核:止咳、健胃、行气;叶:止痒。

**观赏价值及园林用途:** 树冠球形,常绿,郁闭度大,为热带良好的庭园和行道树种。

**食用方法:** 果实成熟后是一种水果,直接生吃,也可制果汁、果酱、罐头蜜饯等。

# 27. 梅

*Prunus mume* Siebold & Zucc.

**科属：** 蔷薇科李属

**形态特征：** 落叶小乔木，稀灌木。叶片卵形或椭圆形，叶边常具小锐锯齿，灰绿色。花单生或有时2朵同生于1芽内，香味浓，先于叶开放，花瓣倒卵形，白色至粉红色。果实近球形，黄色或绿白色，被柔毛，味酸；果肉与核粘贴。花期冬春季，果期5～6月份（在华北地区果期延至7～8月份）。

**生长习性：** 喜温暖湿润气候和阳光充足的环境，能耐寒、耐旱、怕水涝。在土层深厚、肥沃、排水良好的沙质壤土生长良好。

**药用功效：** 根、带叶枝梗、种仁、花蕾和叶均入药。根：祛风除湿、清热解毒；带叶枝梗：理气；种仁：祛暑清络、益肝明目、清热化湿；花蕾：疏肝解郁、开胃生津、化痰；叶：清热解毒、涩肠止痢。

**观赏价值及园林用途：** 不畏寒冷，花开较早，花色艳丽，花香扑鼻，观赏价值很高，既适于庭院栽培，也适于花园群植。梅桩可制作盆景，花宜瓶插。

**食用方法：** 成熟果实是具有特殊风味的经济果品，除生食外，人们还常把它加工成话梅、渍梅、梅干、梅膏、陈平梅，还可制成梅酒和梅醋。

# 28. 美国山核桃

*Carya illinoinensis* (Wangenheim) K. Koch

**科属：** 胡桃科山核桃属

**形态特征：** 落叶大乔木，树皮粗糙，深纵裂。奇数羽状复叶，小叶具极短的小叶柄，卵状披针形至长椭圆状披针形。雄性柔荑花序，腋生，雌性穗状花序直立，花序轴密被柔毛。果实矩圆状或长椭圆形。5月份开花，9～11月份果成熟。

**生长习性：** 喜温暖湿润气候，较耐寒。

**药用功效：** 果仁入药，补肾、补中益气、润肌肤、乌须发。

**观赏价值及园林用途：** 树体高大雄伟，树干端直，枝叶茂密，树姿优美，生命周期长，结果期果实和叶子相映成辉，是庭院美化和城市绿化的优良树种，在园林中是优良的上层骨干树种。

**食用方法：** 果仁可生食或炒食，也可制作成各种美味点心。

# 29.木樨

*Osmanthus fragrans* Lour.

**科属：**木樨科桂花属

**形态特征：**常绿乔木或灌木。叶片革质，椭圆形、长椭圆形或椭圆状披针形。聚伞花序簇生于叶腋，或近于帚状，每腋内有花多朵，花冠黄白色、淡黄色、黄色或橘红色。果歪斜，椭圆形，呈紫黑色。花期9～10月上旬，果期翌年3月份。

**生长习性：**喜温暖、湿润气候。

**药用功效：**花、果实及根入药。花：散寒破结、化痰止咳；果：暖胃、平肝、散寒；根：祛风湿、散寒。

**观赏价值及园林用途：**中国十大传统名花之一，木樨集绿化、美化、香化于一身，是中秋佳节赏花的必备之选。叶片四季常绿，并且花朵在开放时呈金黄色，开花时还会散发出淡淡的清香，在园林中应用普遍，常作园景树，可孤植、对植，或成丛成林栽种。

**食用方法：**木樨花吃法较多，或腌制或做成糕点、甜汤或窨茶酿酒入馔。

# 30. 南酸枣

*Choerospondias axillaris* (Roxb.) B. L. Burtt & A. W. Hill

**科属：**漆树科南酸枣属

**形态特征：**落叶乔木。奇数羽状复叶互生，小叶对生。花单性或杂性异株，雄花和假两性花组成圆锥花序，雌花单生于上部叶腋。核果椭圆形或倒卵状椭圆形，成熟时黄色。花期4月份，果期8～10月份。

**生长习性：**喜光，略耐阴，喜温暖湿润气候，适生于深厚肥沃而排水良好的酸性或中性土壤。

**药用功效：**树皮和果入药，消炎解毒、止血止痛。

**观赏价值及园林用途：**干直荫浓，落叶前叶色变红，混交林内层林尽染平添山间美色，是较好的庭荫树和行道树，适宜在各类园林绿地中孤植或丛植。

**食用方法：**成熟果实甜酸，可生食、酿酒和加工酸枣糕。

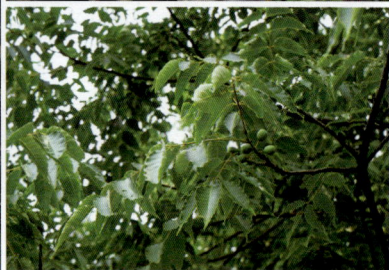

# 31.柠檬

*Citrus limon* (L.) Osbeck

**科属：**芸香科柑橘属

**形态特征：**常绿小乔木，枝少刺或近于无刺。叶片厚纸质，卵形或椭圆形。单花腋生或少花簇生。果椭圆形或卵形，果皮厚，通常粗糙，柠檬果黄色，果汁酸至甚酸。花期4～5月份，果期9～11月份。

**生长习性：**喜温暖，耐阴，不耐寒，也怕热，适宜在冬暖夏凉的亚热带地区栽培。

**药用功效：**果入药，生津止渴。

**观赏价值及园林用途：**柠檬花、叶、果兼美，枝叶常绿，叶片革质，叶色具有光泽。花香清淡、怡人。柠檬果大，皮光，气味芳香，成熟时为喜人的黄色，挂果时间长，果实美观诱人。

**食用方法：**果实成熟后可加工成各种饮料、果酱、罐头等，还能作西餐的调味品。

# 32. 女贞

*Ligustrum lucidum* Ait.

**科属：** 木樨科女贞属

**形态特征：** 常绿乔木，有时呈灌木状。叶片常绿，革质，卵形、长卵形或椭圆形至宽椭圆形。顶生圆锥花序，花小，白色。果肾形或近肾形，深蓝黑色，成熟时呈红黑色，被白粉。花期6月份，果成熟11～12月份。

**生长习性：** 喜温暖、湿润气候，有一定的耐寒能力，能忍受短时间的低温。

**药用功效：** 果实入药，滋补肝肾、乌须明目。

**观赏价值及园林用途：** 可用于庭院孤植或丛植，亦作为行道树，可用作绿篱。

**食用方法：** 成熟果实晒干后可作食材，一般用于泡茶、炖汤、煮粥。

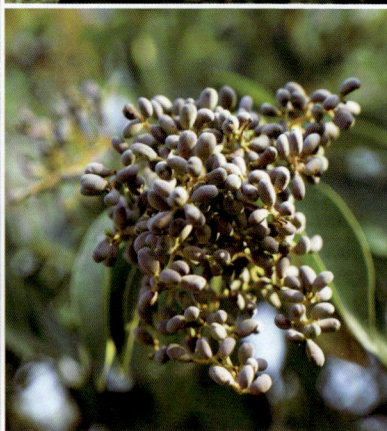

# 33. 枇杷

*Eriobotrya japonica* (Thunb.) Lindl.

**科属：**蔷薇科枇杷属

**形态特征：**常绿小乔木。叶片革质，披针形、倒披针形、倒卵形或椭圆长圆形，下面密生灰棕色绒毛。圆锥花序顶生，具多花，花瓣白色。果实球形或长圆形，黄色或橘黄色。花期 10 ~ 12 月份，果期 5 ~ 6 月份。

**生长习性：**喜温暖湿润气候，稍耐阴，忌积水。

**药用功效：**叶入药，化痰止咳、和胃降气。

**观赏价值及园林用途：**树形优美，枝叶茂密有很高的观赏价值，可作为庭院绿化和风景区道路绿化树种。

**食用方法：**成熟果实供生食、蜜饯和酿酒用。

# 34. 苹果

*Malus pumila* Mill.

**科属：**蔷薇科苹果属

**形态特征：**落叶乔木。叶片椭圆形、卵形至宽椭圆形，边缘具有圆钝锯齿，幼嫩时两面具短柔毛，长成后上面无毛。伞房花序，集生于小枝顶端，花瓣白色，含苞未放时带粉红色。果实扁球形，先端常有隆起，萼洼下陷。花期5月份，果期7～10月份。

**生长习性：**喜低温干燥的温带气候。

**药用功效：**果实入药，生津、润肺、除烦、解暑、开胃、醒酒。

**观赏价值及园林用途：**树形高大，春季观花，白润晕红；秋时赏果，果实色艳，是观赏结合食用的优良树种，在适宜栽培的地区可配植成"苹果村"式的观赏果园；可列植于道路两则。

**食用方法：**一种常见水果，成熟果实可生食或煮熟食用，也可做成苹果干、苹果酱、果子冻等。

# 35.青钱柳

*Cyclocarya paliurus* (Batal.) Iljinsk.

**科属**：胡桃科青钱柳属

**形态特征**：落叶乔木。奇数羽状复叶。雌雄同株，雌雄花序均柔荑状。果实扁球形，果实中部围有革质圆盘状翅。花期4～5月份，果期7～9月份。

**生长习性**：喜光，幼苗稍耐阴，喜深厚、肥沃湿润土壤。

**药用功效**：树皮、叶、根均可入药，祛风燥湿、杀虫止痒、消肿止痛。

**观赏价值及园林用途**：树木高大挺拔，枝叶美丽多姿，果实如铜钱通常成串下垂生长，可作为园林绿化观赏树种和木材树种。

**食用方法**：叶片主要是用来泡水喝，也能制成饮品后适量饮用。

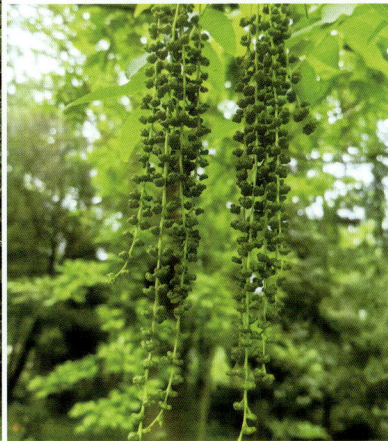

# 36. 人心果

*Manilkara zapota* (L.) van Royen

**科属：** 山榄科铁线子属

**形态特征：** 常绿乔木，栽培种常较矮，且常呈灌木状。叶互生，密聚于枝顶，革质，长圆形或卵状椭圆形。花1～2朵生于枝顶叶腋，花冠白色。浆果纺锤形、卵形或球形，褐色，果肉黄褐色；种子扁。花果期4～9月份。

**生长习性：** 喜高温和肥沃的沙质壤土，适应性较强，不耐寒。

**药用功效：** 种子、树皮和根入药，清心润肺。

**观赏价值及园林用途：** 树姿婆娑可爱，满树果实累累，果实营养价值高。在南方小庭园中栽植，既可观赏又可食用，也可盆栽摆放于宾馆大堂、商厦大厅等大型场所，别具一格。

**食用方法：** 果实成熟之后可以鲜食，也可加工制果酱、果汁、干片和果晶等，还可当作蔬菜食用，可以切片做菜吃，无论是烹、炒、炸，还是拌凉菜等都是很好的食用方法。

# 37.肉桂

*Cinnamomum cassia* (L.) D. Don

**科属**：樟科桂属

**形态特征**：中等大乔木。一年生枝条圆柱形，黑褐色，略被短柔毛，当年生枝条多少四棱形，黄褐色，密被灰黄色短绒毛。叶互生或近对生，长椭圆形至近披针形，先端稍急尖，基部急尖，革质，下面疏被黄色短绒毛。圆锥花序腋生或近顶生，三级分枝，分枝末端为3花的聚伞花序。花白色，花被内外两面密被黄褐色短绒毛。果椭圆形，成熟时黑紫色，无毛；果托浅杯状，边缘截平或略具齿裂。花期6～8月份，果期10～12月份。

**生长习性**：喜温暖气候，适生于亚热带地区无霜的环境。喜湿润，忌积水，雨水过多会引起根腐叶烂。要求土层深厚、质地疏松、排水良好、通透性强的沙壤土或壤土。

**药用功效**：树皮和叶入药。树皮：补火助阳、散寒止痛、活血通经；叶：温中散寒、解表发汗。

**观赏价值及园林用途**：树形美观、常年浓荫、花果气味芳香，适于在庭院、建筑物前栽植。住宅前院用作绿墙分隔空间，隐蔽遮挡效果也好。

**食用方法**：肉桂粉常常被用作调味品，可以为菜肴增添香气和味道，它适用于制作甜点、蛋糕、面包和谷物等烘焙食品，也可以用于炖菜或调制肉类馅料。肉桂叶也可以作为调味料使用，特别是在亚洲菜肴中常用。肉桂叶给菜肴增添了一种淡淡的香味，常常被用于炖汤、炒菜和煮饭。

# 38. 桑

*Morus alba* L.

**科属：** 桑科桑属

**形态特征：** 落叶乔木或为灌木。叶卵形或广卵形，托叶早落。花单性，腋生或生于芽鳞腋内，与叶同时生出。聚花果卵状椭圆形，成熟时红色或暗紫色。花期4～5月份，果期5～8月份。

**生长习性：** 喜温暖湿润气候，稍耐阴。耐旱，不耐涝，耐瘠薄。对土壤的适应性强。

**药用功效：** 叶、根皮（桑白皮）、嫩枝（桑枝）、果穗（桑葚）入药。叶：疏散风热、清肺、明目；桑白皮：泻肺平喘、利水消肿；桑枝：祛风湿、通经络、行水气；桑葚：滋阴养、生津。

**观赏价值及园林用途：** 树冠宽广，枝叶繁茂，宜作庭荫树、庭院观赏树。尤适工矿区园林绿化及"四旁"绿化。

**食用方法：** 果实成熟后果肉可生食，可酿酒。

# 39.沙梨

*Pyrus pyrifolia* (Burm. F.) Nakai

**科属**：蔷薇科梨属

**形态特征**：落叶乔木。叶片卵状椭圆形或卵形，边缘有刺芒锯齿。伞形总状花序，花瓣白色。果实近球形，浅褐色，有浅色斑点，先端微向下陷。花期4月份，果期8月份。

**生长习性**：适应性强，耐寒，耐旱，耐湿，耐盐碱。

**药用功效**：果实入药，清肺化痰、生津止渴。

**观赏价值及园林用途**：树姿优美，叶片多姿，花朵洁白芬芳，果实甜香满溢，因而常常被制作成盆景或盆栽于室内、庭园。

**食用方法**：沙梨成熟果实是一种水果，一般可以通过直接食用或与冰糖、雪梨、川贝等食材一起蒸煮食用，也可以做果酱、蜜饯、果干、酱料、果汁、水果派、炖梨、烤梨、汤、蛋糕、沙拉、鸡尾酒、脆片，等等。

# 40. 沙枣

*Elaeagnus angustifolia* L.

**科属：** 胡颓子科胡颓子属

**形态特征：** 落叶乔木或小乔木，棕红色，发亮，幼枝叶和花果均密被银白色鳞片。叶薄纸质，矩圆状披针形至线状披针形。花银白色，果实椭圆形，粉质。花期5～6月份，果期9月份。

**生长习性：** 生活力很强，抗旱，抗风沙，耐盐碱，耐贫瘠。

**药用功效：** 果实、树皮入药，果实：养肝益肾、健脾调经；树皮：清热凉血、收敛止痛。

**观赏价值及园林用途：** 沙枣是一种观叶植物，叶形似柳而色灰绿，叶背有银白色光泽，开花时有桂花香味，花银白色而且美丽，是个颇有特色的树种，宜用作切花，多在春节前后与一品红、水仙等配伍。也非常适合作盐碱和沙荒地区的绿化用树。

**食用方法：** 成熟果实的果肉能够泡水、生吃或熟菜，某些地区如新疆将果子磨粉掺在面粉内代正餐，也可以制酒、制醋酱、点心等食品。

# 41. 山核桃

*Carya cathayensis* Sarg.

**科属：** 胡桃科山核桃属

**形态特征：** 落叶乔木。奇数羽状复叶，小叶具细锯齿。雌穗状花序直立，花序轴密被腺鳞，具 1～3 雌花。果实倒卵形，向基部渐狭。4～5 月份开花，9 月份果成熟。

**生长习性：** 喜光、喜温暖湿润性气候。

**药用功效：** 种仁、果皮、木质隔膜入药。种仁：润肺滋养；果皮：解毒消肿、止痛止泻；木质隔膜：健脾、固肾、涩精。

**观赏价值及园林用途：** 树体高大挺直，树形美观，结果期果实和叶子相映成辉，是庭院美化和城市绿化的优良树种。适合河流沿岸、湖泊周围及平原地区"四旁"栽植。可作行道树和庭荫树。

**食用方法：** 成熟果实的果仁味美可食，亦用以榨油，其油芳香可口，供食用。

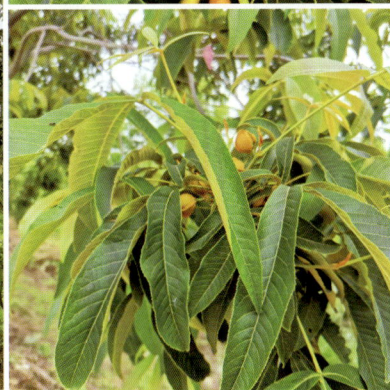

# 42. 山楂

*Crataegus pinnatifida* Bge.

**科属：** 蔷薇科山楂属

**形态特征：** 落叶乔木。叶片宽卵形或三角状卵形，稀菱状卵形。伞房花序具多花，花瓣白色。果实近球形或梨形，深红色，有浅色斑点。花期5～6月份，果期9～10月份。

**生长习性：** 喜光，耐寒，喜凉爽而湿润的环境，适应能力强，抗洪涝能力超强，容易栽培。

**药用功效：** 果入药，消食健脾、行气散瘀。

**观赏价值及园林用途：** 枝繁叶茂，初夏开花遍树洁白，秋来满树红果累累，颇富农家及田野情趣。适作庭院观赏树，多采用孤植或片植于园路、草坪及池畔、溪旁。

**食用方法：** 成熟果实除鲜食外，还可以制成山楂片、果丹皮、山楂糕、红果酱、果脯、山楂酒等。

# 43.柿

*Diospyros kaki* Thunb.

**科属：**柿科柿属

**形态特征：**落叶乔木。单叶互生，椭圆状倒卵形。花雌雄异株，但间或有的雄株中有少数雌花、雌株中有少数雄花的，花序腋生，为聚伞花序。浆果大，成熟后为橙黄色或橘红色。花期5～6月份，果期9～10月份。

**生长习性：**喜温暖气候，喜充足阳光和深厚、肥沃、湿润、排水良好的土壤。

**药用功效：**柿饼、柿蒂、柿根、柿花、柿木皮、柿皮、柿漆、柿霜、柿叶、柿子均入药。果实经加工后柿饼：润肺、止血、健脾、涩肠；宿存花萼：降逆下气；根或根皮：清热解毒、凉血止血；花：降逆和胃、解毒收敛；树皮：清热解毒、止血。外果皮：清热解毒；未成熟果实经加工制成的胶状液：平肝；果实制成"柿饼"时外表所生的白色粉霜：润肺止咳、生津利咽、止血；叶片：止咳定喘、生津止渴、活血止血；果实：清热、润肺、生津、解毒。

**观赏价值及园林用途：**树冠扩展如伞，叶大荫浓，秋日叶色转红，丹实似火，悬于绿荫丛中，至11月份落叶后，还高挂树上，极为美观，是观叶、观果的重要树种，可孤植、群植。

**食用方法：**成熟果实常经脱涩后作水果，亦可加工制成柿饼、柿子酱等。

# 44. 四照花

*Cornus kousa* F. Buerger ex Hance subsp. *chinensis* (Osborn) Q. Y. Xiang

**科属：** 山茱萸科山茱萸属

**形态特征：** 落叶小乔木。叶片纸质或厚纸质，卵形或卵状椭圆形，对生于短侧枝梢端。头状花序球形，花瓣黄色。果序球形，成熟时暗红色。花期6～7月份，果期9～10月份。

**生长习性：** 喜温暖气候和阴湿环境，适生于肥沃而排水良好的土壤。

**药用功效：** 叶、花入药，清热解毒、收敛止血。

**观赏价值及园林用途：** 树形美观、整齐，初夏淡黄花满枝，白色苞片覆盖全树，晚秋红色果实累累，是一种美丽的庭园观花、观果树种。可孤植或列植，也可丛植于草坪、路边、林缘、池畔，与常绿树混植。

**食用方法：** 成熟果实可鲜食、酿酒和制醋。

# 45. 酸豆

*Tamarindus indica* L.

**科属：** 豆科酸豆属

**形态特征：** 落叶乔木。小叶小，长圆形，基部圆而偏斜，无毛。花黄色或杂以紫红色条纹，小苞片开花前紧包着花蕾。荚果圆柱状长圆形，肿胀，棕褐色，直或弯拱，常不规则地缢缩。花期 5～8 月份；果期 12 月～翌年 5 月份。

**生长习性：** 适宜在温度高、日照长、气候干燥、干湿季节分明的地区生长。

**药用功效：** 果实入药，清热解暑、和胃消积。

**观赏价值及园林用途：** 树形优美，枝叶常绿，兼有黄色的花朵，可孤植或配植于庭园、公园、宅院或作行道树。

**食用方法：** 成熟果实的果肉味酸甜，可生食或熟食，或作蜜饯或制成各种调味酱及泡菜；果汁加糖水是很好的清凉饮料；种仁榨取的油可供食用。

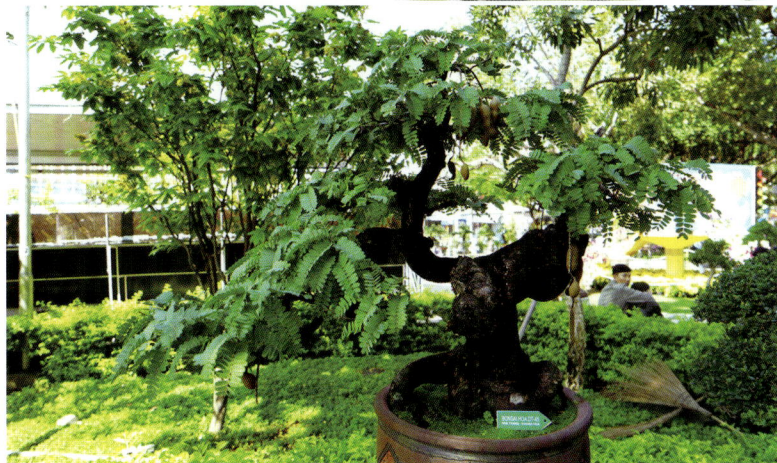

# 46.桃

*Prunus persica* L.

**科属：** 蔷薇科李属

**形态特征：** 落叶乔木。叶片长圆披针形、椭圆披针形或倒卵状披针形。花单生，先于叶开放，花瓣粉红色，罕为白色。果实形状和大小均有变异，色泽变化由淡绿白色至橙黄色，常在向阳面具红晕，外面密被短柔毛，稀无毛，多汁有香味，甜或酸甜。花期3～4月份，果实成熟期因品种而异，通常为8～9月份。

**生长习性：** 喜光，耐旱，喜肥沃而排水良好的土壤。

**药用功效：** 根、叶、根皮、花、果、仁均可入药。根和根皮：清热利湿、活血止痛、消痈肿；叶：清热解毒，杀虫止痒、祛风湿；花：泻下通便、活血利水；果：益气血、养颜色、解劳热、生津液、消积、润肠；桃仁：破血祛瘀、润燥滑肠、镇咳消炎。

**观赏价值及园林用途：** 中国传统的园林花木，其树态优美，枝干扶疏，花朵丰腴，色彩艳丽，为早春重要观花树种之一。

**食用方法：** 成熟果实可以生吃，也可以做成罐头、桃酱、果汁以及果脯来食用。

# 47.梧桐

*Firmiana simplex* (Linnaeus) W. Wight

**科属：** 梧桐科梧桐属

**形态特征：** 落叶乔木，树皮青绿色。叶心形，掌状 3 ～ 5 裂。圆锥花序顶生，花淡黄绿色。蓇葖果膜质，有柄。花期 6 月份。

**生长习性：** 喜光，喜温暖湿润气候，耐寒性不强。

**药用功效：** 茎、叶、花、果和种子均可入药，清热解毒。

**观赏价值及园林用途：** 是优良的行道树和绿化观赏树种，季节变换时树叶会随之而变化，有着较高的观赏价值。

**食用方法：** 种子炒熟可食。

# 48. 香椿

*Toona sinensis* (A. Juss.) Roem.

**科属：** 楝科香椿属

**形态特征：** 落叶乔木。叶具长柄，偶数羽状复叶。圆锥花序与叶等长或更长，花白色。蒴果狭椭圆形，有小而苍白色的皮孔。花期6～8月份，果期10～12月份。

**生长习性：** 喜光，耐寒差，喜湿润肥沃的土壤。

**药用功效：** 根皮及果入药，收敛止血、去湿止痛。

**观赏价值及园林用途：** 树干通直，冠幅开阔，春秋叶红艳丽，入秋后果实开裂呈木花状，经冬不落，适合作庭荫树及行道树。

**食用方法：** 幼芽嫩叶入菜，香椿蒸饭、香椿拌豆腐、凉拌香椿、椿芽炒鸡丝、香椿酱油拌面、香椿辣椒、椿芽辣子汤都别有风味。

# 49. 香榧

*Torreya grandis* Fortune ex Lindl. 'Merrillii' Hu

**科属：**红豆杉科榧属

**形态特征：**常绿乔木。小枝下垂，一、二年生小枝绿色，三年生枝呈绿紫色或紫色；叶深绿色，质较软；种子连肉质假种皮宽矩圆形或倒卵圆形，有白粉，干后暗紫色，有光泽，顶端具短尖头；种子矩圆状倒卵形或圆柱形，微有纵浅凹槽，基部尖，胚乳微内皱。花期4月份，种子翌年10月份成熟。

**生长习性：**适宜生长在温和、湿润、多雾、临风、向阳的环境里。

**药用功效：**根皮、球花、枝叶、种子均入药。根皮：祛风除湿；球花：利水、杀虫；枝叶：祛风除湿；种子：杀虫、消积、润燥。

**观赏价值及园林用途：**四季常绿、树形优美，有良好的生态、观赏价值，是优良的园林和庭院绿化树种。

**食用方法：**作为干果中的珍品，香榧向来被作为宴席上的上乘佳果之一，早在宋代，就将其加工成椒盐香榧、糖球香榧、香榧酥等，并被列为朝廷贡品。

# 50. 杏

*Prunus armeniaca* L.

**科属：** 蔷薇科杏属

**形态特征：** 落叶乔木。叶片宽卵形或圆卵形，叶边有圆钝锯齿。花单生，先于叶开放，花瓣白色或带红色。果实球形，稀倒卵形，白色、黄色至黄红色，常具红晕，微被短柔毛；果肉多汁，成熟时不开裂。花期3～4月份，果期6～7月份。

**生长习性：** 适应性强，深根性，喜光，耐旱，抗寒，抗风，为低山丘陵地带的主要栽培果树。

**药用功效：** 种仁入药，滋润肺燥、止咳平喘、润肠通便。

**观赏价值及园林用途：** 早春开花，先花后叶。可与苍松、翠柏配植于池旁湖畔或植与山石崖边、庭院堂前，极具观赏性。

**食用方法：** 成熟果实杏肉除了供人们鲜食之外，还可以加工制成杏脯、糖水罐头、杏酱、杏汁、杏酒等；杏仁可以制成杏仁露、杏仁酪等休闲小吃外，还可作凉菜用、熬粥、炖汤等。杏仁油微黄透明，味道清香，是一种优良的食用油。

# 51. 阳桃

*Averrhoa carambola* L.

**科属**：酢浆草科阳桃属

**形态特征**：常绿乔木。奇数羽状复叶，互生，卵形或椭圆形，基部圆，一侧歪斜，表面深绿色，背面淡绿色。花小，微香，数朵至多朵组成聚伞花序或圆锥花序，自叶腋出或着生于枝干上。花枝和花蕾深红色；花瓣背面淡紫红色，边缘色较淡，有时为粉红色或白色。浆果肉质，下垂，有5棱，很少6或3棱，横切面呈星芒状，淡绿色或蜡黄色，有时带暗红色。种子黑褐色。花期4～12月份，果期7～12月份。

**生长习性**：喜高温湿润气候，不耐寒。以土层深厚、疏松肥沃、富含腐殖质的壤土栽培为宜。

**药用功效**：根、枝、叶、花及果实入药。根：涩精、止血、止痛；枝、叶：祛风利湿、消肿止痛；花：清热。果：生津止咳。

**观赏价值及园林用途**：果实奇特，色泽美观，园林中也常常用于路边、墙垣边或建筑旁栽培观赏，也可作大型盆栽绿化阳台、天台。

**食用方法**：成熟果实作为水果，芳香清甜，可以做成各种各样美味的食物。最直接的吃法是直接蘸红糖，也可以蛋奶炖阳桃。

# 52. 杨梅

*Morella rubra* Lour.

**科属：** 杨梅科杨梅属

**形态特征：** 常绿乔木。叶革质，无毛，生存至 2 年脱落，常密集于小枝上端部分。花雌雄异株。雄花序单独或数条丛生于叶腋，雌花序常单生于叶腋。核果球状，外表面具乳头状凸起，外果皮肉质，多汁液及树脂，味酸甜，成熟时深红色或紫红色。4 月份开花，6～7 月份果实成熟。

**生长习性：** 喜温暖气候，喜酸性土壤，适应性强。

**药用功效：** 根、树皮及果实入药。根、树皮：散瘀止血、止痛；果：生津止渴。

**观赏价值及园林用途：** 树冠圆球形，分枝紧凑，枝叶扶疏，夏季绿叶丛中红果累累，十分美观，是庭院中的优质绿化树种和特色果树。

**食用方法：** 杨梅的成熟果实作为一种水果，清洗干净后可以直接吃，口感甘甜多汁。也可以做沙拉、榨汁以及各种甜品等。

# 53. 洋蒲桃

*Syzygium samarangense* (Blume) Merr. & L. M. Perr

**科属：** 桃金娘科蒲桃属

**形态特征：** 常绿乔木。叶片薄革质，椭圆形至长圆形，先端钝或稍尖，基部变狭，圆形或微心形，聚伞花序顶生或腋生，有花数朵；花白色，果实梨形或圆锥形，肉质，洋红色，发亮，花期3～4月份，果实5～6月份成熟。

**生长习性：** 性喜温暖，怕寒冷，稍耐阴，喜温暖湿润气候、湿润的肥沃土壤。

**药用功效：** 叶、树皮、根入药。叶和树皮：泻火解毒、燥湿止痒；根：利湿、止痒。

**观赏价值及园林用途：** 花果均美丽，园林中可用于广场、绿地、校园、庭院作风景树和绿荫树，也适合作行道树。

**食用方法：** 成熟果实可作鲜果食用，也可以用来加工成果酱和果酒。

# 54. 椰子

*Cocos nucifera* L.

**科属：**棕榈科椰子属

**形态特征：**植株高大，常绿乔木，茎粗壮，有环状叶痕，基部增粗，常有簇生小根。叶羽状全裂，裂片多数，外向折叠，革质，线状披针形。花序腋生，佛焰苞纺锤形，厚木质。果卵球状或近球形，顶端微具三棱，外果皮薄，中果皮厚纤维质，内果皮木质坚硬。果腔含有胚乳（即"果肉"或种仁）、胚和汁液（椰子水）。花果期主要在秋季。

**生长习性：**热带喜光植物，在高温、多雨、阳光充足和海风吹拂的条件下生长发育良好。

**药用功效：**果肉汁和果壳入药。果肉汁：补虚、生津、利尿、杀虫；果壳：祛风、利湿、止痒。

**观赏价值及园林用途：**树形优美，是热带地区绿化美化环境的优良树种。

**食用方法：**未熟胚乳（"果肉"）可作为热带水果食用；椰子水是一种可口的清凉饮料；成熟的椰肉可榨油，还可加工成各种糖果、糕点。

# 55. 银杏

*Ginkgo biloba* L.

**科属：** 银杏科银杏属

**形态特征：** 落叶大乔木。叶扇形，在短枝上簇生，在长枝上散生，淡绿色，秋天转金黄色。雌雄异株，果实核果状。花期 3 ～ 4 月份，种子 9 ～ 10 月份成熟。

**生长习性：** 喜光，对气候、土壤的适应性较宽。

**药用功效：** 果入药，敛肺定喘、止带缩尿。

**观赏价值及园林用途：** 树形优美，春夏季叶色嫩绿，秋季变成黄色，颇为美观，可作庭园树及行道树。

**食用方法：** 银杏果不能大量食用或生食，主要有炒食、烤食、煮食、配菜、糕点、蜜饯、罐头、饮料和酒类。

# 56. 樱桃

*Cerasus pseudocerasus* (Lindl.) G. Don

**科属：** 蔷薇科李属

**形态特征：** 落叶乔木。叶片卵形或长圆状卵形，托叶早落。花序伞房状或近伞形，先叶开放，花瓣白色。核果近球形，红色。花期3～4月份，果期5～6月份。

**生长习性：** 喜温而不耐寒，多栽培于肥美疏松、土层深沉、排灌条件良好的沙质土中。

**药用功效：** 枝、叶、根、花入药，补血益肾。

**观赏价值及园林用途：** 花期早，花量大，玲珑可爱，结果多，果熟之时，果红叶绿，甚为美观，是庭院绿化、园林和农业旅游经济的良好经济树种。

**食用方法：** 成熟果实一般是直接食用的或者做成果汁，也可以用来做菜，装饰性很好。

# 57. 油柿

*Diospyros oleifera* Cheng

**科属：**柿科柿属

**形态特征：**落叶乔木。树皮深灰色或灰褐色，成薄片状剥落，露出白色的内皮。叶纸质，长圆形、长圆状倒卵形、倒卵形，少为椭圆形，边缘稍背卷。花雌雄异株或杂性，雄花的聚伞花序生当年生枝下部，腋生，单生，或中央1朵为雌花，且能发育成果。果卵形、卵状长圆形、球形或扁球形，略呈4棱，嫩时绿色，成熟时暗黄色，有易脱落的软毛；种子近长圆形，棕色，侧扁。花期4～5月份，果期8～10月份。

**生长习性：**抗逆性强，具有很强的适应性，喜温。

**药用功效：**柿饼、柿蒂、柿根、柿花、柿木皮、柿皮、柿漆、柿霜、柿叶、柿子均入药。果实经加工后柿饼：润肺、止血、健脾、涩肠；宿存花萼：降逆下气；根或根皮：清热解毒、凉血止血；花：降逆和胃、解毒收敛；树皮：清热解毒、止血；外果皮：清热解毒；未成熟果实经加工制成的胶状液：平肝；果实制成"柿饼"时外表所生的白色粉霜：润肺止咳、生津利咽、止血；叶片：止咳定喘、生津止渴、活血止血；果实：清热、润肺、生津、解毒。

**观赏价值及园林用途：**入秋叶色变红，果实满树，实为园林秋景增色，是园林结合生产的好树种。

**食用方法：**成熟的果实可以食用，果味较甜，但皮厚、肉粗、纤维多、香味少、种子大而且多、不耐贮藏。

# 58. 柚

*Citrus maxima* (Burm.) Merr

**科属：** 芸香科柑橘属

**形态特征：** 常绿乔木。叶质颇厚，色浓绿，阔卵形或椭圆形。总状花序，有时兼有腋生单花，花蕾淡紫红色，稀乳白色。果圆球形、扁圆形、梨形或阔圆锥状，淡黄或黄绿色，杂交种有朱红色的。花期 4 ～ 5 月份，果期 9 ～ 12 月份。

**生长习性：** 喜温暖、湿润气候，不耐干旱。

**药用功效：** 果实入药、止咳平喘、清热化痰、健脾消食、解酒除烦。

**观赏价值及园林用途：** 主杆通直、叶大、树冠齐整，一般用于行道树、小区绿化、园林点缀及"四旁"绿化。

**食用方法：** 作为水果，成熟果肉可直接食用。果肉和果皮还可以用来榨汁、做果茶、果酱、甜品、凉拌菜等。柚子皮洗净焯水后，用盐搓洗后将皮切薄片，放入水中浸泡，最后加入调料翻炒即可。

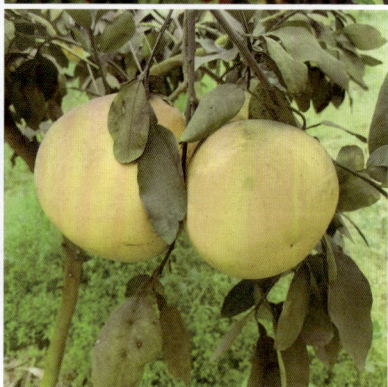

# 59. 榆树

*Ulmus pumila* L.

**科属**：榆科榆树

**形态特征**：落叶乔木，在干瘠之地长成灌木状。叶椭圆状卵形、长卵形、椭圆状披针形或卵状披针形。花先叶开放，在去年生枝的叶腋成簇生状。翅果近圆形，稀倒卵状圆形，果核部分位于翅果的中部。花果期3～6月份（东北地区较晚）。

**生长习性**：喜光，耐寒，抗旱，能适应干冷气候。

**药用功效**：果实、叶、树皮、根入药，安神健脾。

**观赏价值及园林用途**：树干通直，树形高大，绿荫较浓，是城市绿化的重要树种，可作行道树、庭荫树、防护林及"四旁"绿化，也可制作盆景。

**食用方法**：翅果因圆薄似钱而被称为榆钱，可生吃、煮粥、笼蒸、做馅。

# 60. 玉兰

*Yulania denudata* (Desr.) D. L. Fu

**科属：** 木兰科木兰属

**形态特征：** 落叶乔木。叶纸质，倒卵形、宽倒卵形或倒卵状椭圆形。花先叶开放，花被片白色，基部常带粉红色。聚合果圆柱形（在庭园栽培中常因部分心皮不育而弯曲），蓇葖厚木质。花期 2～3 月份（亦常于 7～9 月份再开一次花），果期 8～9 月份。

**生长习性：** 喜温暖湿润的环境，对温度变化非常敏感。

**药用功效：** 花蕾入药，散风寒、通鼻窍。

**观赏价值及园林用途：** 因其"色白微碧、香味似兰"而得名。庭院种植给人以"点破银花玉雪香"的美感，还有"堆银积玉"的富贵；树姿挺拔不失优雅，叶片浓翠茂盛，也适作行道树，盛花时节漫步玉兰花道，令人有"花中取道、香阵弥漫"的愉悦之感。

**食用方法：** 花瓣和面粉，白糖等食材混合，然后放入油锅中煎炸，可以成为一种香甜可口的点心，也可以制作玉兰羹。

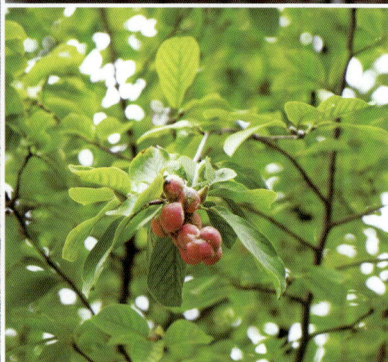

# 61.月桂

*Laurus nobilis* L.

**科属：**樟科月桂属

**形态特征：**常绿小乔木或灌木状。小枝圆，具纵纹，幼枝稍被微柔毛或近无毛。叶互生，革质，长圆形或长圆状披针形，先端尖或渐尖，基部楔形，两面无毛，边缘微波状。花小，黄绿色。花序总苞片近圆形，无毛，内面被白绢毛。雄花花被两面被平伏柔毛，筒短，裂片宽倒卵形或近圆形。果卵球形，暗紫色。花期3～5月份，果期6～9月份。

**生长习性：**喜光，稍耐阴，喜温暖湿润气候，有一定的耐寒性，耐干旱，怕涝，对土壤要求不严，喜生长于排水良好的沙质土壤，性强健，萌芽力强。

**药用功效：**叶、果实入药。叶：健胃理气；果实：祛风湿、解毒、杀虫。

**观赏价值及园林用途：**叶面浓绿而光亮，大树树冠圆整，四季常绿，花期正值仲秋，有"独占三秋压群芳"的美誉，园林中常作孤植、对植，也可成丛成片栽植。为盆栽观赏的好材料。

**食用方法：**树叶具有一种清爽香气，新鲜叶片香气比干燥叶片还要浓郁，但由于新鲜月桂叶带有苦味，干燥后苦味即消失，因此烹调时以干燥月桂叶较合适。常用于肉类、鱼类的烹制，多用于烧、烩、烤、煮、卤、酱等烹调方法中，也常用于腊制品的调味，如法式菜红葡萄酒煨牛尾、鹅油煮鹌鹑，意式菜烩什锦肉。月桂树皮在西式烹调中也用于米饭、蛋糕、甜品、布丁的增香。

# 62. 枣

*Ziziphus jujuba* Mill.

**科属：** 鼠李科枣属

**形态特征：** 落叶小乔木，具2个托叶刺。叶纸质，卵形，卵状椭圆形，或卵状矩圆形。花黄绿色，两性，单生或2～8个密集成腋生聚伞花序。核果矩圆形或长卵圆形，成熟时红色，后变成红紫色。花期5～7月份，果期8～9月份。

**生长习性：** 喜光，耐干旱，耐盐碱，但怕风。常生长于海拔高度1700m以下的山区地带、丘陵地带或平原区。

**药用功效：** 枣仁和根均可入药，补中益气、养血安神、调和药性。

**观赏价值及园林用途：** 枝干劲拔，翠叶垂荫，果实累累，宜在庭院、路旁散植或成片栽植，亦是结合生产的好树种。其老根可制作树桩盆栽。

**食用方法：** 成熟果实枣可生吃，也可熟食，还可加工制成枣干、枣脯、枣酱、醉枣、枣泥、醉枣、焦枣、枣罐头、枣茶、枣酒、乌枣、蜜枣、枣醋、枣原汁饮料等，还能用于烹调，作为炖鸡、炖鸭、炖猪脚等的辅料，使其别具风味又甘美滋补。在日常生活中用枣制成的传统食品，更是各具风味，琳琅满目，有枣粽子、枣发糕、枣年糕、枣花糕、枣卷糕、枣锅糕、长寿糕，以及做成枣泥馅料，用于制作各种糕点。

# 63. 枳椇

*Hovenia acerba* Lindl.

**科属：**鼠李科枳椇属

**形态特征：**高大乔木，小枝褐色或黑紫色。叶互生，厚纸质至纸质，宽卵形、椭圆状卵形或心形。二歧式聚伞圆锥花序，顶生和腋生，被棕色短柔毛，花两性。浆果状核果近球形，成熟时黄褐色或棕褐色。花期5～7月份，果期8～10月份。

**生长习性：**喜光，抗旱，耐寒，又耐较瘠薄的土壤。

**药用功效：**树皮和种子入药。种子：清热利尿、止咳除烦、解酒毒；树皮：活血、舒筋解毒。

**观赏价值及园林用途：**树形优美，叶大荫浓，枝条弯曲，皮色鲜艳，果实别具一格，是良好的庭园观赏绿化树木，也可作盆景观赏。

**食用方法：**成熟果序可食，可泡酒泡茶、蒸鸡肝、和猪心猪肺一起煲汤。

## 64. 白鹃梅

*Exochorda racemosa* (Lindl.) Rehd.

**科属：**蔷薇科白鹃梅属

**形态特征：**落叶灌木。小枝圆柱形，微有棱角，无毛；冬芽三角卵形，平滑无毛，暗紫红色。叶片椭圆形、长椭圆形至长圆倒卵形，先端圆钝或急尖稀有突尖，基部楔形或宽楔形；叶柄短或近于无柄；总状花序无毛，萼筒浅钟状，白色；蒴果，倒圆锥形。花期5月份，果期6～8月份。

**生长习性：**喜光，也耐半阴，适应性强，耐干旱瘠薄土壤，有一定耐寒性。

**药用功效：**花、叶、根皮和树皮入药。花、叶：益肝明目、提高人体免疫力、抗氧化；根皮、树皮：缓解腰骨酸痛。

**观赏价值及园林用途：**姿态秀美，春日开花，满树雪白，如雪似梅，是美丽的观赏树，果形奇异，适应性广。宜在草地、林缘、路边及假山岩石间配植，在常绿树丛边缘群植，宛若层林点雪，饶有雅趣。

**食用方法：**嫩叶和花蕾可鲜食、炒食、做汤，凉拌。花蕾还可以用来蒸花糕，做点心尤为受人欢迎。焯水晒干后可用来炖肉、蒸鱼、煮汤、做馅等。

# 65. 薜荔

*Ficus pumila* L.

**科属：**桑科榕属

**形态特征：**攀援或匍匐灌木。叶两型，不结果枝节上生不定根，叶卵状心形，薄革质，有叶柄。榕果单生于叶腋，瘿花果梨形，果成熟黄绿色或微红，有黏液。花果期5～8月份。

**生长习性：**耐贫瘠，抗干旱，对土壤要求不严格，适应性强，幼株耐阴。

**药用功效：**藤叶入药，祛风除湿、活血通络、解毒消肿。

**观赏价值及园林用途：**叶片大而厚，色泽亮丽有质感，且四季常青，是一种优良的观叶植物；其次，果实大、数量多，形似无花果，盛果期时如一个个翠绿的莲蓬倒挂在枝条之中，极具观赏特性。在园林绿化中用其点缀山石、墙壁，甚至可以用以造型，形成拱门或藤架等。

**食用方法：**成熟的瘦果可以用于制作凉粉或者炖猪蹄。

# 66. 茶

*Camellia sinensis* (L.) O. Ktze.

**科属：** 山茶科山茶属

**形态特征：** 常绿灌木或小乔木，嫩枝无毛。叶革质，长圆形或椭圆形，上面发亮，下面无毛或初时有柔毛。花1～3朵腋生，白色。蒴果3球形或1～2球形，每球有种子1～2粒。花期10月份至翌年2月份。

**生长习性：** 喜温暖湿润气候，适宜生长在排水良好的沙壤土中，通风良好，透水性好。

**药用功效：** 叶、根、果实入药。根：强心利尿、活血调经、清热解毒；叶：清头目、除烦渴、消食、化痰、利尿、解毒；果实：降火消痰平喘。

**观赏价值及园林用途：** 植株高大，四季常绿，既可自然生长，独立成景，也可通过修、扎的方法改变原形，将其树冠进行修剪，非常适合作为行道树、造型树、绿篱。品种丰富，形态多样，在秋冬季开花且花期长，有花果"子孙同堂"景象，起到了很好的绿化美化效果。茶树历史悠久，增加了园林的文化底蕴，是园林设计中常用的元素。

**食用方法：** 除了直接用茶叶泡水后饮用以外，可以在烹饪的时候适量加入一些茶叶，比如说鸡肉、鸭肉等，这样能够使得鸡肉或者鸭肉更加入味，口感也更加好吃。或者将茶叶磨成茶粉作烘焙等一系列的食物。

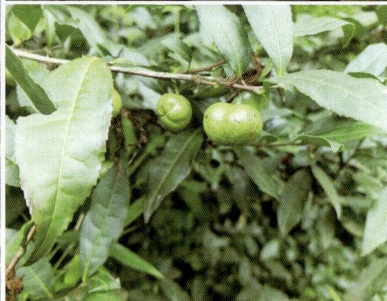

# 67. 茶条槭

*Acer tataricum* L. subsp. *ginnala* (Maxim.) Wesmael

**科属：** 无患子科槭属

**形态特征：** 落叶灌木或小乔木。树皮粗糙、微纵裂，灰色，稀深灰色或灰褐色。叶纸质，基部圆形，截形或略近于心脏形，叶片长圆卵形或长圆椭圆形，常较深的3～5裂。伞房花序圆锥状，顶生。花杂性，雄花与两性花同株。花瓣5，长圆卵形白色，花药黄色。果实黄绿色或黄褐色；小坚果嫩时被长柔毛，脉纹显著；果核两面突起，果翅张开成锐角或近于平行，紫红色。花期5月份，果期10月份。

**生长习性：** 耐半阴，耐寒，喜温暖环境，喜深厚肥沃而排水良好的沙质壤土，深根性，抗风雪能力较强，耐烟尘，萌蘖能力强，耐修剪。忌水湿，不宜栽植于低洼处。

**药用功效：** 叶、芽入药，清热明目。

**观赏价值及园林用途：** 叶子和果实用来供观赏，叶形十分美丽，秋季叶片红艳且引人注目，无论是种在道路两旁还是公园中都会引人驻足。夏季则另有一番风趣，结出的双翅果呈现出粉红色，秀气、别致。因此茶条槭是较好的观赏绿化树种，孤植、列植、群植均可，还可以修剪成绿篱和整形树，更加增添了观赏价值。

**食用方法：** 嫩叶可作为日常饮用茶，具有生津解渴、解表消暑及健胃作用。

# 68. 笃斯越橘

*Vaccinium uliginosum* L.

**科属：** 杜鹃花科越橘属

**形态特征：** 落叶灌木，幼枝有微柔毛。叶多数，散生，叶片纸质，倒卵形、椭圆形至长圆形。花下垂，1～3朵着生于去年生枝顶叶腋。浆果近球形或椭圆形，成熟时蓝紫色，被白粉。花期6月份，果期7～8月份。

**生长习性：** 适应性强，喜酸性土壤，喜湿润、抗旱性差。

**药用功效：** 果实入药，抗氧化、保护视力、增加免疫力。

**观赏价值及园林用途：** 春观花、夏品果、秋赏叶，极具观赏性。树形优美，耐修剪，容易剪出理想的树形，是城市及庭院绿化、观光果园及采摘果园的理想树种。

**食用方法：** 果实较大，成熟果实酸甜，味佳，可以酿酒及制果酱，也可制成饮料。

# 69. 佛手

*Citrus medica* var. *sarcodactylis*(Noot.) Swingle

**科属**：芸香科柑橘属

**形态特征**：不规则分枝的常绿灌木或小乔木，茎枝多刺。单叶互生，革质，有腺点，有特殊芳香气味，叶片椭圆形或卵状椭圆形。总状花序，花两性，有单性花趋向，雌蕊退化。果实手指状肉条形，果皮淡黄色，粗糙。花期 4～5 月份，果期 10～11 月份。

**生长习性**：喜温暖湿润、阳光充足的环境，不耐严寒、怕冰霜及干旱，耐阴，耐瘠，耐涝。

**药用功效**：根、茎、叶、花、果均可入药，理气化痰、止呕消胀、舒肝健脾、和胃。

**观赏价值及园林用途**：花朵洁白、香气扑鼻，并且一簇一簇开放，十分惹人喜爱。到了果实成熟期，它的形状犹如伸指形、握拳形、拳指形，状如人手，惟妙惟肖。佛手不仅可以用来盆栽欣赏，还可以用来切果，装饰在花束当中，别有一番美丽。

**食用方法**：成熟果实可以切片直接吃、煮粥、清炒或者和猪肝等其他食材搭配炖汤。

# 70. 枸杞

*Lycium chinense* Miller

**科属：** 茄科枸杞属

**形态特征：** 多分枝落叶灌木。叶纸质或栽培种叶质稍厚，单叶互生或2～4枚簇生，卵形、卵状菱形、长椭圆形、卵状披针形。花在长枝上单生或双生于叶腋，在短枝上则同叶簇生。浆果红色，卵状，栽培种可呈长矩圆状或长椭圆状。花果期6～11月份。

**生长习性：** 喜阴冷，适应性强，耐寒能力强。

**药用功效：** 果实、根皮入药，滋肝补肾、益精明目、解热止咳。

**观赏价值及园林用途：** 树形婀娜，叶翠绿，花淡紫，果实鲜红，是很好的盆景观赏植物。

**食用方法：** 晒干或新鲜的成熟果实可用于泡水，也可煮粥、炒菜或炖汤，比如枸杞玉米羹、枸杞炖羊肉、枸杞炒蘑菇。

# 71.胡颓子

*Elaeagnus pungens* Thunb.

**科属：** 胡颓子科胡颓子属

**形态特征：** 常绿直立灌木，具刺。叶革质，椭圆形或阔椭圆形，有叶柄。花白色或淡白色，下垂，密被鳞片，生于叶腋锈色短小枝上。果实椭圆形。花期9～12月份，果期次年4～6月份。

**生长习性：** 适应能力极强，喜温暖、湿润、光照足的生长环境。

**药用功效：** 根、叶、果实均可入药。根：祛风利湿、行瘀止血；叶：止咳平喘；果：消食止痢。

**观赏价值及园林用途：** 四季常绿，枝条密集交错，叶背银色，花芳香，红果下垂，宜配花丛或林缘，还可作为绿篱种植。主干自然变化多，形态美观，是优良树桩盆景材料。

**食用方法：** 成熟果实味甜，可生食，也可酿酒和熬糖。

# 72. 火棘

*Pyracantha fortuneana* (Maxim.) Li

**科属：** 蔷薇科火棘属

**形态特征：** 常绿灌木。叶片倒卵形或倒卵状长圆形，两面皆无毛。花集成复伞房花序，花瓣白色。果实近球形，橘红色或深红色。花期3～5月份，果期8～11月份。

**生长习性：** 喜强光，耐贫瘠，抗干旱。

**药用功效：** 果实、根及叶入药。果：消积止痢，活血止血；根：清热凉血；叶：清热解毒。

**观赏价值及园林用途：** 树形优美，夏有繁花，秋有红果，果实存留枝头甚久，是一种良好的观叶、观花、观果的植物。在庭院中作绿篱以及园林造景材料，在路边可以用作绿篱。

**食用方法：** 成熟果实作为水果可直接生吃或榨汁，还可以煮粥或和别的食物掺一起蒸食。

# 73. 接骨木

*Sambucus williamsii* Hance

**科属：**五福花科接骨木属

**形态特征：**落叶灌木或小乔木。羽状复叶有小叶，叶搓揉后有臭气。花与叶同出，圆锥形聚伞花序顶生，花冠蕾时带粉红色，开后白色或淡黄色。果实红色，极少蓝紫黑色，卵圆形或近圆形。花期一般 4～5 月份，果熟期 9～10 月份。

**生长习性：**适应性强，喜光，耐寒，耐旱，喜肥沃疏松的土壤。

**药用功效：**茎枝、根皮、花、叶入药，茎枝：祛风、利湿、活血、止痛；根皮：祛风除湿，活血舒筋，利尿消肿；叶：活血、行淤、止痛；花：发汗、利尿。

**观赏价值及园林用途：**枝叶繁茂，春季白花满树，夏秋红果累累，经久不落。宜植于草坪、林缘或水边，用于点缀秋景。也是工厂绿化的好材料。

**食用方法：**成熟果实可用来制作蜜饯、提神饮料、葡萄酒和沙司；花能给果冻、蜜饯、葡萄酒等增添一种麝香葡萄的味道；花可以和醋栗一起搭配食用，还可以将花蘸上稀面糊后煎炸，撒上糖后食用。

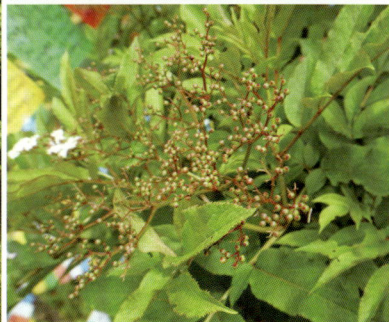

# 74. 金柑

*Citrus japonica* Thunb.

**科属：** 芸香科柑橘属

**形态特征：** 常绿灌木，树高3m以内；枝有刺。叶质厚，浓绿，卵状披针形或长椭圆形。单花或2～3花簇生。果椭圆形或卵状椭圆形，橙黄至橙红色，果皮味甜，果肉味酸。花期3～5月份，果10～12月份。

**生长习性：** 苗期和幼林期中性偏阴，成林后中性偏阳，喜温暖潮湿气候，喜肥，怕涝，忌旱，光照过强、曝晒易发生日烧病。

**药用功效：** 果入药，理气止咳、健胃、化痰。

**观赏价值及园林用途：** 树形美观，枝叶繁茂、四季常青，果实金黄，是观果花木中独具风格的上品，为我国广东、港澳地区春节期间家庭必备盆花。

**食用方法：** 成熟果实洗干净可以直接吃，也可以用干金柑泡茶、糖腌制金柑、切碎做成果酱。

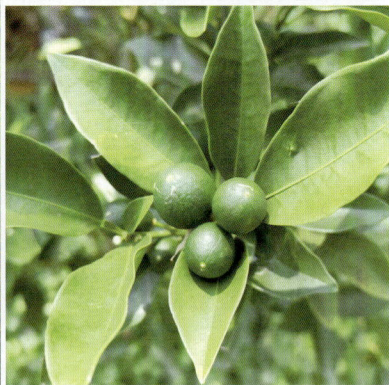

# 75. 金银忍冬

*Lonicera maackii* (Rupr.) Maxim.

**科属：** 忍冬科忍冬属

**形态特征：** 落叶灌木。叶纸质，形状变化较大，通常卵状椭圆形至卵状披针形。花芳香，生于幼枝叶腋，花冠先白色后变黄色。果实暗红色，圆形。花期5～6月，果熟期8～10月份。

**生长习性：** 喜光，耐半阴，耐旱，耐寒，适应性强。

**药用功效：** 花及茎叶入药，祛风、清热、解毒。

**观赏价值及园林用途：** 枝叶繁茂，花果并美，具有较高的观赏价值。春天可赏花闻香，秋天可观红果累累。春末夏初层层开花，金银相映，远望整个植株如同一个美丽的大花球。在园林中，常将金银木丛植于草坪、山坡、林缘、路边或点缀于建筑周围，观花赏果两相宜。

**食用方法：** 花泡茶饮。

# 76. 金樱子

*Rosa laevigata* Michx.

**科属：**蔷薇科蔷薇亚属

**形态特征：**常绿攀援灌木，小枝粗壮，散生扁弯皮刺。小叶革质，椭圆状卵形、倒卵形或披针状卵形。花单生于叶腋，花白色。果梨形、倒卵形，紫褐色。花期4～6月份，果期7～11月份。

**生长习性：**喜温暖湿润、阳光充足的环境。生于向阳多石山坡灌木丛中。

**药用功效：**果入药，固精、缩尿、涩肠、止泻。

**观赏价值及园林用途：**四季常青，花姿优美且香，适合栽种在园林或者庭院中观赏，也可作盆栽。

**食用方法：**成熟果实可作为水果直接食用或晒干或新鲜的果实均可用来泡水喝，和杜仲、猪尾巴一起煲汤；亦可熬糖及酿酒。

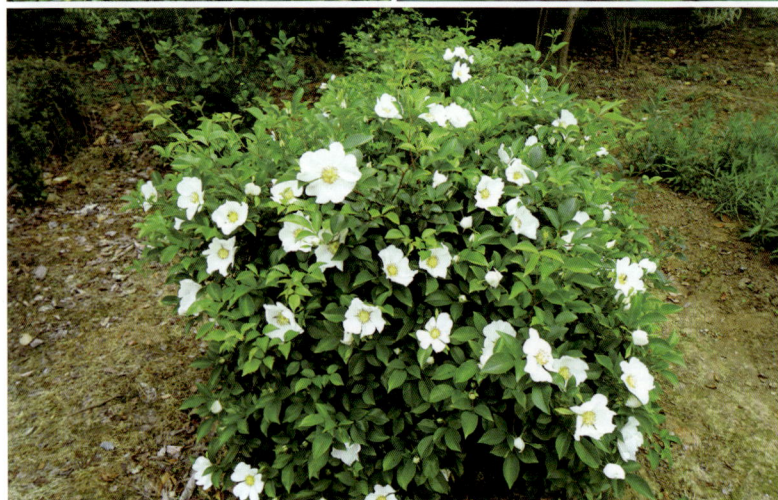

# 77. 锦鸡儿

*Caragana sinica* (Buc'hoz) Rehd.

**科属：** 豆科锦鸡儿属

**形态特征：** 落叶灌木。托叶三角形，硬化成针刺，小叶羽状，有时假掌状，厚革质或硬纸质。花单生，花冠黄色，常带红色。荚果圆筒状。花期4～5月份，果期7月份。

**生长习性：** 喜光，耐寒，适应性强，耐旱，耐瘠薄，忌湿涝。

**药用功效：** 根皮入药，祛风活血、舒筋、除湿利尿、止咳化痰。

**观赏价值及园林用途：** 花朵鲜艳，状如蝴蝶的花蕾，盛开时呈黄红色，展开的花瓣状如金雀，极为美丽。适宜于园林庭院作绿化美化栽培。其中一些小叶矮化品种，还是制作树桩盆景的好材料。

**食用方法：** 花常用来与鸡蛋一起炒食。

# 78. 蜡梅

*Chimonanthus praecox* (L.) Link

**科属：**蜡梅科蜡梅属

**形态特征：**落叶灌木。叶纸质至近革质，卵圆形、椭圆形、宽椭圆形至卵状椭圆形。花着生于第二年生枝条叶腋内，先花后叶。果托近木质化，坛状或倒卵状椭圆形，口部收缩。花期11月至翌年3月份，果期4～11月份。

**生长习性：**喜阳光，能耐阴、耐寒、耐旱，忌渍水。

**药用功效：**花蕾、根、根皮入药。花蕾：解暑生津、开胃散郁、止咳；根：祛风、解毒、止血；根皮：外用治刀伤出血。

**观赏价值及园林用途：**植株姿态优美，花开清素，香气清幽淡雅，可以与各种绿植混合栽种，或与假山相配植，或制作古桩盆景以及用于插花艺术等，为园林景观增加色彩与魅力。

**食用方法：**花蕾可以直接用沸水冲泡代茶饮，也用于炖鱼、炖肉、炖豆腐或煮粥。

# 79.毛樱桃

*Prunus tomentosa* Thunb.

**科属：** 蔷薇科李属

**形态特征：** 灌木，稀呈小乔木状。叶片卵状椭圆形或倒卵状椭圆形。花单生或2朵簇生，花叶同开，近先叶开放或先叶开放，花白色或粉红色。核果近球形，红色。花期4～5月份，果期6～9月份。

**生长习性：** 喜光、喜温、喜湿、喜肥，生于山坡林中、林缘、灌丛中或草地。

**药用功效：** 果：补中益气、健脾祛湿；种子（郁李仁）：润燥滑肠、下气、利水。

**观赏价值及园林用途：** 树形优美，花朵娇小，果实艳丽，是集观花、观果、观形为一体的园林观赏植物。适宜在公园、庭院、绿带丛植、片植或孤植，也可做花灌木绿植。

**食用方法：** 成熟果实微酸甜，生食或制罐头，樱桃汁可制糖浆、糖胶及果酒；核仁可榨油，似杏仁油。

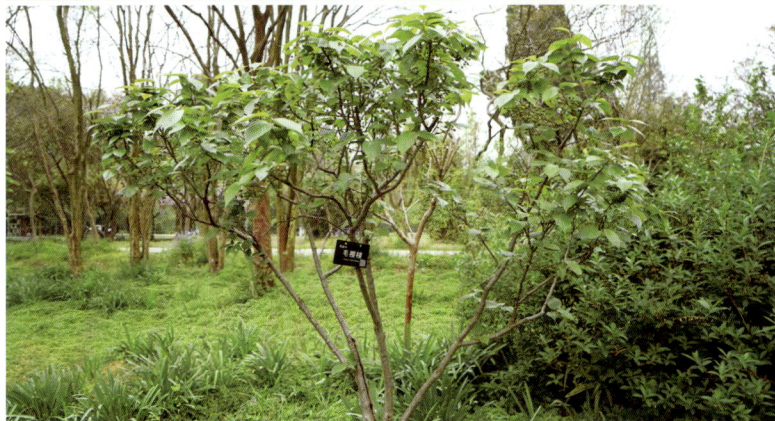

# 80. 玫瑰

*Rosa rugosa* Thunb.

**科属：** 蔷薇科蔷薇属

**形态特征：** 直立落叶灌木，有皮刺。小叶片椭圆形或椭圆状倒卵形，边缘有尖锐锯齿。花单生于叶腋，或数朵簇生，花瓣重瓣至半重瓣，芳香，紫红色至白色。果扁球形，砖红色，肉质。花期5～6月份，果期8～9月份。

**生长习性：** 喜阳光充足，耐寒，耐旱。

**药用功效：** 花蕾（玫瑰花）、花的蒸馏液（玫瑰露）、根入药。花：理气解郁、和血调经；玫瑰露：和中、养颜泽发；根：活血、调经、止带。

**观赏价值及园林用途：** 花形秀美，色彩鲜艳，香气宜人，适合栽植于花台和庭院。可以作花篱、花境，布置大型花坛和专类玫瑰园，又是很好的盆栽花卉，还可作切花、插花，制作花篮、花环。

**食用方法：** 花瓣可以制饼馅、玫瑰酒、玫瑰糖浆，干制后可以泡茶。

# 81.迷迭香

*Rosmarinus officinalis* L.

**科属：**唇形科迷迭香属

**形态特征：**常绿灌木。叶常常在枝上丛生，具极短的柄或无柄，叶片线形。花对生，少数聚集在短枝的顶端组成总状花序，花冠蓝紫色。花期11月份。

**生长习性：**喜温暖气候，喜日照充足的环境。

**药用功效：**全草入药，发汗、健脾、安神、止痛。

**观赏价值及园林用途：**株形美观大方，枝叶密集，线形的革质叶片翠绿可爱、稍具光泽，全株散发着怡人的清香，花姿清秀雅丽，花叶俱美，花期长，是近年来很受大家欢迎的芳香植物，也是优良的盆栽花卉。

**食用方法：**平时多用于泡茶饮用，取适量的迷迭香叶放入沸水中，静置 3～5min，等水温下降后，可以加入少量蜂蜜并搅拌均匀后饮用。也可以作为香料，在牛排、土豆等料理以及烤制品中会经常使用，能增添食物的香味和风味。

# 82. 密蒙花

*Buddleja officinalis* Maxim.

**科属：** 马钱科醉鱼草属

**形态特征：** 落叶灌木。叶对生，叶片纸质，狭椭圆形、长卵形、卵状披针形或长圆状披针形。花多而密集，组成顶生聚伞圆锥花序，花冠紫堇色，后变白色或淡黄白色，喉部橘黄色。蒴果椭圆状，外果皮被星状毛。花期3～4月份，果期5～8月份。

**生长习性：** 喜温暖、湿润的环境。

**药用功效：** 干燥花蕾和花序入药，清热泻火、养肝明目、退翳。

**观赏价值及园林用途：** 花序大型醒目，花芳香美丽，早春开花，四季常绿，适应性强，是优良的庭园观赏花木。

**食用方法：** 密蒙花在生活中更多的是风干后备用，需要的时候取出来。一般用来泡茶，但不建议和其他的花茶一起饮用，也可制作成黄糯米饭。

# 83. 茉莉花

*Jasminum sambac* (L.) Aiton

**科属：** 木樨科素馨属

**形态特征：** 直立或攀援常绿灌木。叶对生，单叶，叶片纸质，圆形、椭圆形、卵状椭圆形或倒卵形。聚伞花序顶生，花冠白色。果球形呈紫黑色。花期5～8月份，果期7～9月份。

**生长习性：** 喜温暖湿润、通风良好、半阴环境。

**药用功效：** 花、叶入药，清肝明目、生津止渴、祛痰治痢、通便利水、祛风解表。

**观赏价值及园林用途：** 叶色翠绿，花色洁白，香味浓厚，为常见庭园及盆栽观赏芳香花卉。多用盆栽，点缀室容，清雅宜人，还可加工成花环等装饰品。

**食用方法：** 花瓣可以用来制作花茶，也可以用来作菜配料，比如清炖豆腐、炒鸡蛋、炖汤煮粥之类。

# 84. 牡丹

*Paeonia × suffruticosa* Andr.

**科属：** 毛茛科芍药属

**形态特征：** 落叶灌木。二回三出复叶，顶生小叶宽卵形。花单生于枝顶，花瓣红紫或粉红色至白色。蓇葖果长圆形，密生黄褐色硬毛。花期4～5月份，果期8～9月份。

**生长习性：** 喜温暖、凉爽、干燥、阳光充足的环境。

**药用功效：** 根皮入药，清热凉血、活血化瘀。

**观赏价值及园林用途：** 花大色艳，花姿绰约，富丽堂皇，国色天香，被人们称为"花王"，是我国最著名的观赏花木。多植于公园、庭院、花坛、草地中心、建筑物旁。常作专类花园。也是盆栽、切花、薰花的优良材料。

**食用方法：** 新鲜的花瓣洗净、晾晒之后，可以用来泡茶、煮粥、裹面油炸、炖肉。

# 85. 牡荆

*Vitex negundo* var. *cannabifolia* (Sieb.et Zucc.) Hand.-Mazz.

**科属:** 马鞭草科牡荆属

**形态特征:** 落叶灌木或小乔木; 小枝四棱形。叶对生, 掌状复叶, 小叶片披针形或椭圆状披针形, 顶端渐尖, 基部楔形, 边缘有粗锯齿, 表面绿色, 背面淡绿色, 通常被柔毛。圆锥花序顶生, 花冠淡紫色。果实近球形, 黑色。6～7月份开花, 8～11月份结果。

**生长习性:** 喜光, 耐寒、耐旱、耐瘠薄土壤, 适应性强。

**药用功效:** 叶入药, 解表化湿、祛痰平喘、解毒。

**观赏价值及园林用途:** 树姿优美, 花色雅致, 适合庭院及公园、游园等种植。

**食用方法:** 嫩芽叶洗净, 沸水烫熟, 冷水清洗去异味, 可煮食、炒食、炖汤、做馅。

# 86.木芙蓉

*Hibiscus mutabilis* L.

**科属：** 锦葵科木槿属

**形态特征：** 落叶灌木或小乔木。叶宽卵形至圆卵形或心形，裂片三角形。花单生于枝端叶腋间，花初开时白色或淡红色，后变深红色。蒴果扁球形，被淡黄色刚毛和绵毛。花期 8～10 月份。

**生长习性：** 喜温暖湿润和阳光充足的环境，稍耐半阴。

**药用功效：** 花、叶、根入药，清热解毒、消肿排脓、凉血止血。

**观赏价值及园林用途：** 晚秋开花，花期长，开花旺盛，品种多，其花色、花形随品种不同有丰富变化，是一种很好的观花树种。一年四季，各有风姿和妙趣，栽植于庭院、坡地、路边、林缘及建筑前，或栽作花篱，都很合适。在寒冷的北方也可盆栽观赏。

**食用方法：** 花可以用来煎蛋、煮粥、炖汤、泡茶。

# 87. 木瓜海棠

*Chaenomeles cathayensis* (Hemsl.) Schneid.

**科属：**蔷薇科木瓜海棠属

**形态特征：**落叶灌木或小乔木。叶片椭圆形、披针形至倒卵披针形。花先叶开放，2～3朵簇生于二年生枝上，花瓣淡红色或白色。果实卵球形或近圆柱形，黄色有红晕。花期3～5月份，果期9～10月份。

**生长习性：**喜温暖湿润和阳光充足的环境，有一定的耐寒性。

**药用功效：**果入药，舒筋活络、祛风止痛。

**观赏价值及园林用途：**花色烂漫，树形好、病虫害少，可丛植于庭园墙隅、林缘等处，春可赏花，秋可观果，枝形奇特，是布局园林景观的上好树种。

**食用方法：**成熟果实一般先蒸熟透、切片后，再泡在冰糖水中待食。也可洗净直接切片泡在冰糖水中。

# 88. 木槿

*Hibiscus syriacus* L.

**科属**：锦葵科木槿属

**形态特征**：落叶灌木。叶菱形至三角状卵形，具深浅不同的 3 裂或不裂。花单生于枝端叶腋间，花钟形，淡紫色。蒴果卵圆形，密被黄色星状绒毛。花期 7 ～ 10 月份。

**生长习性**：喜光而稍耐阴，喜温暖、湿润气候。

**药用功效**：花、茎皮或根皮、果实入药。花：清热利湿、凉血解毒；皮：清热利湿、杀虫止痒；果实：清肺化痰、止头痛、解毒。

**观赏价值及园林用途**：花多色艳，是夏、秋季的重要观花灌木，南方多作花篱、绿篱；北方作庭院点缀及室内盆栽。

**食用方法**：花可用来泡茶、煮粥、炖肉、做饼，也可以玉米面蒸木槿花。

# 89. 木茼蒿

*Argyranthemum frutescens* (L.) Sch.-Bip

**科属**：菊科木茼蒿属

**形态特征**：灌木。叶宽卵形、椭圆形或长椭圆形，二回羽状分裂。头状花序多数，在枝端排成不规则的伞房花序，有长花梗。两性花瘦果。花果期 2～10 月份。

**生长习性**：喜凉爽、湿润环境，忌高温、喜肥。

**药用功效**：茎叶入药，消食开胃、通便利腑、清血养心、润肺化痰。

**观赏价值及园林用途**：枝叶繁茂，株丛整齐，花色淡雅，花期长，为早春缺花季节的重要切花材料或盆栽，中国各地公园或植物园常栽培木茼蒿，用以观赏。

**食用方法**：小苗或嫩茎叶供清炒、熬汤。

# 90. 木香花

*Rosa banksiae* Ait.

**科属：** 蔷薇科蔷薇属

**形态特征：** 常绿攀援小灌木。小叶片椭圆状卵形或长圆披针形，上面无毛，深绿色，下面淡绿色。花小形，多朵呈伞形花序，花瓣重瓣至半重瓣，白色。瘦果线形，长端有羽状冠毛。花期4～5月份。

**生长习性：** 喜温暖，稍耐寒，怕高温。

**药用功效：** 根入药，行气止痛、调中导滞。

**观赏价值及园林用途：** 花叶繁茂，色彩浓艳，花香馥郁，秋果红艳，是极好的垂直绿化材料，适用于布置花柱、花架、花廊和墙垣，是作绿篱的良好材料，非常适合家庭种植，是著名的观赏植物。

**食用方法：** 新鲜的花瓣，裹上面糊炸制，炸出来的木香花外面酥脆喷香，里面软糯绵柔，咀嚼时夹杂着阵阵花香。也可以用来冲茶，把木香花与茶混着喝。还可用白糖腌渍，一层花一层糖，层层压紧放平，收进玻璃罐中密封好。可以用来煮甜汤、包元宵、做糕点，或者直接兑开水饮用。

# 91.南烛

*Vaccinium bracteatum* Thunb.

**科属：**杜鹃花科越橘属

**形态特征：**常绿灌木或小乔木，枝无毛。叶片薄革质，椭圆形、菱状椭圆形、披针状椭圆形至披针形。总状花序顶生和腋生，多花，序轴密被短柔毛稀无毛。浆果熟时紫黑色，外面通常被短柔毛。花期6～7月份，果期8～10月份。

**生长习性：**喜欢温暖湿润的生长环境，喜阳耐阴，耐干旱、耐贫瘠、耐寒，常见于山坡林内或灌丛中。

**药用功效：**果实入药，强筋益气、固精。

**观赏价值及园林用途：**树姿优美，萌发力强，是非常优秀的园林观赏树种，既可群栽，亦可孤植，可为四季增添景色，还是制作盆景的好材料。

**食用方法：**果实成熟后酸甜，可食；新鲜的树叶，经过捣碎、过滤等，将它的汁液和大米一起做饭，做出来的饭味道香，颜色黑，很好吃。

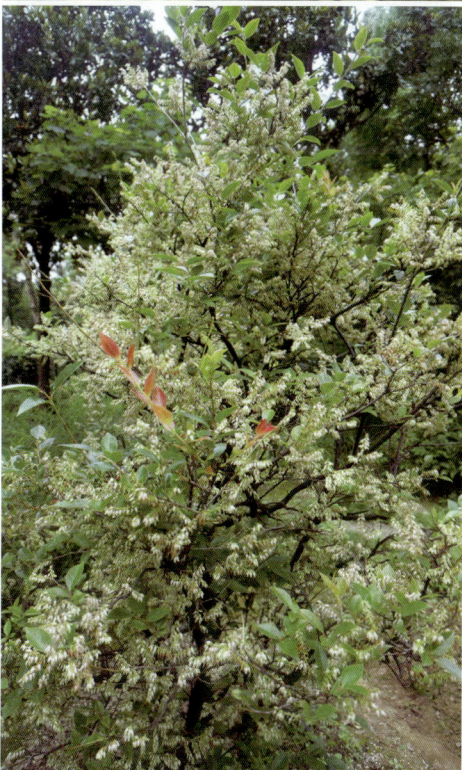

# 92. 牛奶子

*Elaeagnus umbellata* Thunb.

**科属：** 胡颓子科胡颓子属

**形态特征：** 落叶直立灌木，具刺。叶纸质或膜质，椭圆形至卵状椭圆形或倒卵状披针形，有叶柄。花较叶先开放，黄白色，密被银白色盾形鳞片，单生或成对生于幼叶腋。果实近球形或卵圆形。花期4～5月份，果期7～8月份。

**生长习性：** 生于海拔20～300m的向阳的林缘、灌丛中、荒坡上和沟边。

**药用功效：** 果实、根和叶入药，清热止咳、利湿解毒。

**观赏价值及园林用途：** 枝叶具有银白色鳞片并且有闪光性，花芳香，果实红艳，极富观赏性，可配置于花丛或林缘，也可植为绿篱，或修剪成球形，作为美化庭院或行道的风景树种。

**食用方法：** 成熟果实可生食，制果酒、果酱等。

# 93. 缫丝花

*Rosa roxburghii* Tratt.

**科属：** 蔷薇科蔷薇属

**形态特征：** 开展的落叶或半常绿灌木，小枝有基部稍扁而成对皮刺。小叶片椭圆形或长圆形，叶轴和叶柄有散生小皮刺。花单生，生于短枝顶端，花瓣重瓣至半重瓣，淡红色或粉红色。果扁球形，外面密生针刺。花期 5 ～ 7 月份，果期 8 ～ 10 月份。

**生长习性：** 喜欢温暖湿润环境，生长于海拔 500 ～ 2500m 的向阳山坡、沟谷、路旁以及灌木丛中。

**药用功效：** 根及果入药，健胃、消食。

**观赏价值及园林用途：** 适应性较强，花朵秀美，粉红的花瓣中密生一圈金黄色花药，十分别致。黄色刺颇具野趣，粉色的花瓣镶嵌在绿色的草丛中，可用作花坛、花境景观及坡地、路边丛植绿化，也用作药篱材料，偶尔也为家庭盆栽修饰园艺。

**食用方法：** 成熟果实作为水果的一种，可鲜食、腌渍或酿酒。

# 94. 山茶

*Camellia japonica* L.

**科属**：山茶科山茶属

**形态特征**：灌木或小乔木。叶革质，椭圆形。花顶生，红色，蒴果圆球形。花期1～4月份。

**生长习性**：喜温暖、湿润和半阴环境。怕高温，忌烈日。

**药用功效**：花、叶、根入药，收敛、止血、凉血、调胃、理气、散瘀、消肿。

**观赏价值及园林用途**：株形姿优美，叶片浓绿有光泽，花形艳丽缤纷，四季常春，在园林设计中，山茶常与松、竹搭配种植，形成"岁寒三友"的景观，是中国南方重要的植物造景材料之一。山茶也是盆栽和切花的重要材料，广泛应用于室内外装饰和插花艺术中，还可大规模种植成专类园，观赏价值极高。

**食用方法**：去掉雌雄蕊的山茶瓣按花色配制各色沙拉点心，或与鲜嫩仔鸡或瘦肉片进行烹调，也可以用白山茶、红山茶瓣拖（沾）油或拖（沾）面油煎后糁（蘸）糖可食用，与米（面）可制成茶花饼等。种子榨油可供食用。

# 95. 山茱萸

*Cornus officinalis* Sieb. et Zucc.

**科属：** 山茱萸科山茱萸属

**形态特征：** 落叶乔木或灌木。叶对生，纸质，卵状披针形或卵状椭圆形。伞形花序生于枝侧，花瓣舌状披针形，黄色。核果长椭圆形，红色至紫红色。花期3～4月份，果期9～10月份。

**生长习性：** 喜光，喜温暖而湿润的环境，也耐寒。

**药用功效：** 果肉入药，补益肝肾、收涩固脱。

**观赏价值及园林用途：** 先开花后萌叶，秋季红果累累，绯红欲滴，艳丽悦目，是造景植物的上佳之选，可盆栽，也可在庭园、花坛内单植或片植。

**食用方法：** 和枸杞的做法相似，做粥做饭做菜，或者泡水。

# 96. 神秘果

*Synsepalum dulcificum* (Schumach. &Thonn.) Daniell

**科属：** 山榄科神秘果属

**形态特征：** 多年生常绿灌木。叶互生，琵琶形或倒卵形，革质。白色小花，单生或簇生于枝条叶腋间。单果着生，成熟时鲜红色。2～3月份、5～6月份、7～8月份开花，4～5月份、7～8月份、9～11月份果实成熟。

**生长习性：** 喜高温、高湿气候，有一定的耐寒耐旱能力，适宜热带、亚热带低海拔潮湿地区生长。

**药用功效：** 果入药，改变味觉（这个果实可以让酸度比较高的水果味道转化成甘甜的味道）、增强免疫力。

**观赏价值及园林用途：** 株形较矮小，生长慢，枝叶紧凑，枝条弹性好，耐修剪，树形优美，果实成熟时鲜艳美观，花、叶、果都具有较高的观赏价值。因其独特的变味功能而颇具神秘性，是一种集趣味性、观赏性和食用性于一体的植物。

**食用方法：** 成熟果实可生食、制果汁、制成浓缩剂、冰棒等，种子可生食及制成浓缩剂。

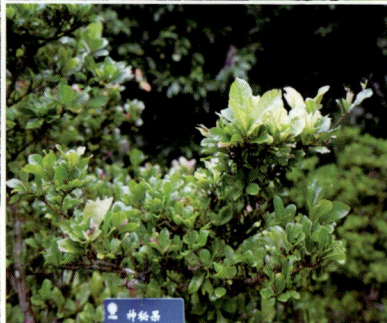

# 97.石榴

*Punica granatum* L.

**科属：** 石榴科石榴属

**形态特征：** 落叶灌木或乔木，枝顶常成尖锐长刺。叶通常对生，纸质，矩圆状披针形。花大，1～5朵生枝顶，花红色、黄色或白色。浆果近球形，通常为淡黄褐色或淡黄绿色，有时白色，稀暗紫色。花期5～7月份，果期9～10月份。

**生长习性：** 喜温暖潮湿、阳光充足、通风良好的环境，耐旱耐寒耐肥、忌水渍涝害。

**药用功效：** 叶、根皮、花均可入药。叶：收敛止血、解毒杀虫；根皮：涩肠止泻、止血、驱虫；花：凉血、止血。

**观赏价值及园林用途：** 观花又可观果，花期、果期都很长，是园林绿化的优良树种。或丛植于庭院中，或孤植于游园之角，或对植于门庭之侧，或列植于园路、溪旁、坡地，也宜做成各种桩景及供瓶插花观赏。

**食用方法：** 成熟果实中肉质的外种皮供食用，直接吃，或榨汁、酿果酒、煮粥。

# 98. 酸枣

*Ziziphus jujuba* var. *spinosa* (Bunge) Hu ex H.F.Chow.

**科属**：鼠李科枣属

**形态特征**：落叶灌木。小枝呈"之"字形弯曲，褐色，托叶刺有2种，一种直伸，另一种常弯曲；叶片为椭圆形至卵状披针形，边缘有细锯齿；花为黄绿色；果实小，接近球形或短矩圆形，熟时红褐色，味酸。花期6～7月份，果期8～9月份。

**生长习性**：喜温暖干燥气候，耐寒、耐旱、耐碱、耐瘠薄。

**药用功效**：种子入药，养心补肝、宁心安神、敛汗、生津。

**观赏价值及园林用途**：秋季果实累累，颇具观赏性，"四旁"绿化种植。

**食用方法**：成熟果实可以生食，也可做酱、做醋等。

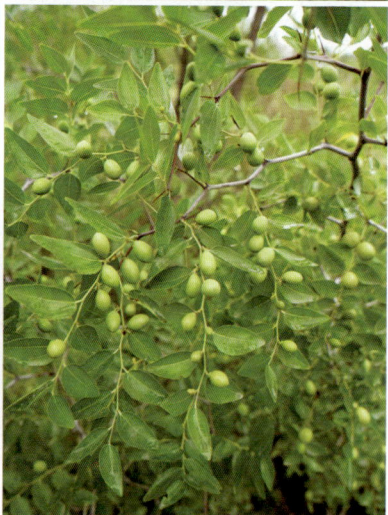

# 99. 昙花

*Epiphyllum oxypetalum* (DC.) Haw.

**科属：** 仙人掌科昙花属

**形态特征：** 附生肉质灌木，老茎圆柱状，木质化。分枝多数，叶状侧扁，披针形至长圆状披针形，先端长渐尖至急尖，或圆形，边缘波状或具深圆齿，中肋粗大，于两面突起，老株分枝产生气根；小窠排列于齿间凹陷处，小形，无刺，初具少数绵毛，后裸露。花单生于枝侧的小窠，漏斗状，于夜间开放，芳香。花托绿色，略具角，被三角形短鳞片；萼状花被片绿白色、淡琥珀色色或带红晕，线形至倒披针形；瓣状花被片白色，倒卵状披针形至倒卵形。浆果长球形，具纵棱脊，无毛，紫红色。种子多数，卵状肾形，亮黑色，具皱纹，无毛。花期7～8月份，果期9～10月份。

**生长习性：** 喜温暖湿润的半阴、温暖和潮湿的环境，不耐霜冻，忌强光暴晒。

**药用功效：** 花和茎入药。花：清肺止咳、凉血止血、养心安神；茎：清热解毒。

**观赏价值及园林用途：** 每逢夏秋节令，繁星满天、夜深人静时，昙花开放，展现美姿秀色，当人们还沉睡于梦乡时，素净芬芳的昙花转瞬已闭合而凋萎，故有昙花一现之称。其奇妙的开花习性，常博得花卉爱好者的浓厚兴趣。

**食用方法：** 花可以通过泡水、煮粥、凉拌、清炒、做汤等方式进行食用。浆果类似小型的火龙果，成熟果实可食。

# 100.贴梗海棠

*Chaenomeles speciosa* (Sweet) Nakai

**科属：** 蔷薇科木瓜海棠属

**形态特征：** 落叶灌木。叶片卵形至椭圆形，稀长椭圆形，无毛或在萌蘖上沿下面叶脉有短柔毛。花先叶开放，3～5朵簇生于二年生老枝上，花瓣猩红色，稀淡红色或白色。果实球形或卵球形，黄色或带黄绿色，有稀疏不显明斑点，味芳香。花期3～5月份，果期9～10月份。

**生长习性：** 喜温暖、湿润、阳光充足环境。

**药用功效：** 果实入药，驱风、舒筋、活络、镇痛、消肿、顺气。

**观赏价值及园林用途：** 枝干丛生，姿态健美，花梗极短，紧贴于梗，早春先花后叶，花色艳丽。可栽于草坪边缘，树丛周围、庭园墙垣，也可作花篱材料，或丛植于池畔溪边、庭园花坛内或作为盆栽花或切花的材料。

**食用方法：** 成熟果实可直接切片食用，也可泡酒服用，非常适合老年人喝，或制作成各式蜜饯，增添风味。

# 101. 文冠果

*Xanthoceras sorbifolium* Bunge

**科属：** 无患子科文冠果属

**形态特征：** 落叶灌木或小乔木。小叶膜质或纸质，披针形或近卵形，两侧稍不对称。花序先叶抽出或与叶同时抽出，两性花的花序顶生，雄花序腋生，花瓣白色，基部紫红色或黄色，有清晰的脉纹，花盘的角状附属体橙黄色。蒴果，种子黑色而有光泽。花期春季，果期秋初。

**生长习性：** 喜阳，耐半阴，对土壤适应性很强，耐瘠薄、耐盐碱，抗寒能力强。

**药用功效：** 茎或枝叶入药，祛风除湿、消肿止痛。

**观赏价值及园林用途：** 株形优美，花朵芳香，花色艳丽，花期长，作为庭院观赏植物、大中型盆景植物，具有瘦、拙、艳、香的特点，且可人工控制树形，创造各种奇景，具有很高的观赏价值。

**食用方法：** 成熟果实的果仁可直接食用，可作为鲜果，还可以作为罐头原料。

# 102. 无花果

*Ficus carica* L.

**科属：** 桑科榕属

**形态特征：** 落叶灌木。叶互生，厚纸质，广卵圆形，长宽近相等。雌雄异株，雄花和瘿花同生于一榕果内壁。榕果单生于叶腋，大，梨形，成熟时紫红色或黄色。花果期5～7月份。

**生长习性：** 喜温暖湿润气候，抗旱，不耐寒，不耐涝。

**药用功效：** 果、叶均入药，健胃清肠、消肿解毒。

**观赏价值及园林用途：** 枝干粗壮，叶形奇特，果实色彩丰富，常年果实累累，是观赏风景树，常植于园路、草坪、池畔及庭园以内，以孤植为主。

**食用方法：** 成熟果除鲜食外，还可加工成果干、果脯、果汁，用果汁酿酒等。

# 103. 香橼

*Citrus medica* L

**科属**：芸香科柑橘属

**形态特征**：不规则分枝的常绿灌木或小乔木。单叶，叶片椭圆形或卵状椭圆形。总状花序，有时兼有腋生单花。果椭圆形、近圆形或两端狭的纺锤形，果皮淡黄色，果肉近透明或淡乳黄色，味酸或稍甜，有香气。花期4～5月份，果期10～11月份。

**生长习性**：喜高温多湿环境，怕霜冻，不耐寒。

**药用功效**：果实入药，理气宽中、消胀降痰。

**观赏价值及园林用途**：树冠圆整，树姿挺立，终年翠绿，是绿化、观果、闻香、装饰、药用等集一身的名贵观赏树种。

**食用方法**：成熟果实的果肉和果皮都可以加工制成食品。一般习惯加入蜂蜜或冰糖制成蜜饯、果酱等，还可将香橼切片后晒干入药煲汤。

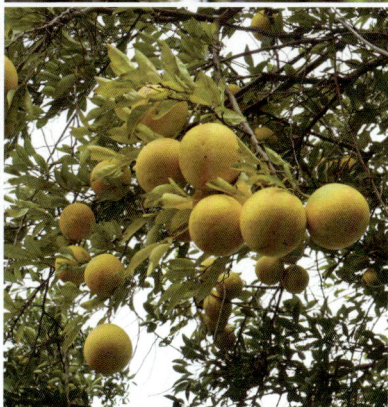

# 104. 小粒咖啡

药赏食兼用植物图鉴230种

*Coffea arabica* L.

**科属：**茜草科咖啡属

**形态特征：**常绿小乔木或大灌木。叶薄革质，卵状披针形或披针形。托叶阔三角形，生于幼枝上部的托叶顶端锥状长尖或芒尖，生于老枝上的托叶顶端常为突尖。聚伞花序数个簇生于叶腋内，花芳香，花冠白色。浆果成熟时阔椭圆形，红色，外果皮硬膜质，中果皮肉质，有甜味；种子背面凸起，腹面平坦，有纵槽。花期3～4月份。盛果期9～10月份。

**生长习性：**生长于高海拔地区，抗寒力强，耐短期低温，不耐旱。

**药用功效：**种子入药，醒神、利尿、健胃。

**观赏价值及园林用途：**树形紧凑，叶片大而靓丽有光泽，花香果艳，颇富观赏价值，是优良的室内耐阴观赏植物。

**食用方法：**果内的种子即是咖啡豆，炒熟之后磨碎成粉末，用热水冲泡即可食用。

# 105. 盐麸木

*Rhus chinensis* Mill.

**科属：** 漆树科盐麸木属

**形态特征：** 落叶小乔木或灌木。奇数羽状复叶有小叶，叶轴具宽的叶状翅。圆锥花序宽大，多分枝，花白色。核果球形，成熟时红色。花期8～9月份，果期10月份。

**生长习性：** 喜光，喜温暖湿润气候。适应性强，耐寒。

**药用功效：** 根、叶、花及果均可入药，清热解毒、散瘀止血。

**观赏价值及园林用途：** 秋叶和果实都为红色，甚是美丽，常将其作为观赏花叶果实的观赏植株。

**食用方法：** 嫩茎叶焯水后炒食。果实可直接食用。

# 106. 野蔷薇

*Rosa multiflora* Thunb.

**科属：** 蔷薇科蔷薇属

**形态特征：** 攀援性落叶灌木；小枝圆柱形，通常无毛，有短、粗稍弯曲皮束。小叶片倒卵形、长圆形或卵形。花多朵，排成圆锥状花序，花瓣白色，宽倒卵形，先端微凹，基部楔形。果近球形，红褐色或紫褐色。

**生长习性：** 喜光、耐半阴、耐寒，对土壤要求不严，在黏重土中也可正常生长。耐瘠薄，忌低洼积水。

**药用功效：** 花、果实、根茎入药，根茎为收敛药；花：芳香理气；果实：利尿、通经、治水肿。

**观赏价值及园林用途：** 初夏开花，花繁叶茂，芳香清幽。花形千姿百态，花色五彩缤纷，可植于溪畔、路旁及园边、地角等处，或用于花柱、花架、花门、篱垣与栅栏绿化、墙面绿化、山石绿化、阳台、窗台绿化、立交桥的绿化等，往往密集丛生，满枝灿烂，景色颇佳。

**食用方法：** 干花或鲜花都可泡茶、食用或者酿酒。早春采摘嫩茎叶，焯熟后，加入调料制成凉拌菜，还可以和鱼、大米等食材混合蒸煮，不但味道鲜美，还可有清暑化湿、顺气和胃、强健身体。

# 107. 野鸦椿

*Euscaphis japonica* (Thunb. ex Roem. & Schult.) Kanitz

**科属：** 省沽油科野鸦椿属

**形态特征：** 落叶小乔木或灌木，树皮灰褐色，具纵条纹，小枝及芽红紫色。叶对生，奇数羽状复叶，叶轴淡绿色，小叶厚纸质，长卵形或椭圆形，稀为圆形，先端渐尖，基部钝圆，边缘具疏短锯齿。圆锥花序顶生，花多，较密集，黄白色。蓇葖果，果皮软革质，紫红色，有纵脉纹，种子近圆形，假种皮肉质，黑色。花期5～6月份，果期8～9月份。

**生长习性：** 幼苗耐阴，耐湿润，大树喜光，耐瘠薄干燥，耐寒性较强。

**药用功效：** 根或根皮、花、茎皮、果实或种子入药。根或根皮：祛风解表、消热利湿；花：祛风止痛；茎皮：行气、利湿、祛风、退翳；叶：祛风止痒；果实或种子：祛风散寒、行气止痛、消肿散结。

**观赏价值及园林用途：** 观花、观叶和赏果的效果，观赏价值高。春夏之际，花黄白色，集生于枝顶，满树银花，十分美观；秋天，果布满枝头，果成熟后果荚开裂，果皮反卷，露出鲜红色的内果皮，黑色的种子粘挂在内果皮上，犹如满树红花上点缀着颗颗黑珍珠，十分艳丽。可群植、丛植于草坪，也可用于庭园、公园等地布景。

**食用方法：** 嫩茎叶洗净，沸水烫熟，清水漂洗，可凉拌、炒食、腌制咸菜。

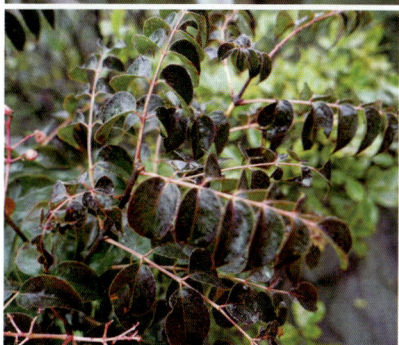

# 108. 郁李

*Prunus japonica* (Thunb.) Lois.

**科属：** 蔷薇科樱属

**形态特征：** 落叶灌木。叶卵形或卵状披针形，有缺刻状尖锐重锯齿。花蔟生，花叶同放或先叶开放，花瓣白或粉红色。核果近球形，熟时深红色。花期 5 月份，果期 7～8 月份。

**生长习性：** 喜阳光充足和温暖湿润的环境。

**药用功效：** 种子入药，润燥、滑肠、下气、利水。

**观赏价值及园林用途：** 花果俱美的观赏花木，适于群植，宜配植在阶前、屋旁、山岩坡上，或点缀于林缘、草坪周围，也可作花径、花篱栽培之用。

**食用方法：** 种子吃法很多，可以将其直接煎水后饮用，也可以用它来泡酒喝、煮粥吃，或是做成糕点食用。煮粥时可以先把郁李仁捣碎加水煎制，再用煎得的药液与粳米一起煮粥，煮好加白糖调味，然后就可以食用了。

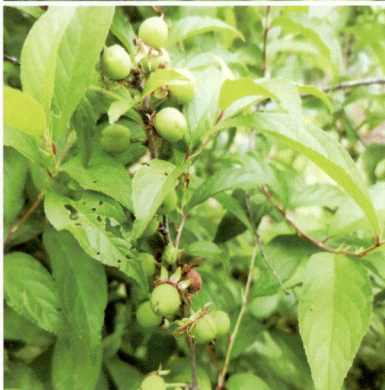

# 109.月季花

*Rosa chinensis* Jacq.

**科属：**蔷薇科蔷薇属

**形态特征：**直立的落叶或常绿灌木。小叶片宽卵形至卵状长圆形，边缘有锐锯齿。花几朵集生，稀单生，花瓣重瓣至半重瓣，红色、粉红色至白色。果卵球形或梨形，红色。花期4～9月份，果期6～11月份。

**生长习性：**适应性强，耐寒耐旱，喜日照充足、空气流通、排水良好而避风的环境。

**药用功效：**花、根、叶均入药，活血调经、散毒消肿。

**观赏价值及园林用途：**花期长，且品种多，花色艳丽多彩，争奇斗艳，馨香宜人，具有极高的观赏价值。可种于花坛、花境、草坪角隅等处，也可布置成月季园。藤本月季用于花架、花墙、花篱、花门等。月季可盆栽观赏，又是重要的切花材料。

**食用方法：**花蕾可用于泡茶、煮粥或者煲汤。

# 110.柘

*Maclura tricuspidata* Carriere

**科属：** 桑科柘树

**形态特征：** 落叶灌木或小乔木。叶卵形或菱状卵形，偶为三裂。雌雄异株，雌雄花序均为球形头状花序，单生或成对腋生。聚花果近球形，肉质，成熟时橘红色。花期5～6月份，果期6～7月份。

**生长习性：** 喜光，适应性强，喜钙性土壤。

**药用功效：** 木材和果实入药。木材：滋养血脉、调益脾胃；果实：清热凉血、舒筋活络。

**观赏价值及园林用途：** 树冠整齐，枝叶茂盛，夏季红果艳丽，颇为美观。宜作庭荫树及绿篱树，也适作工厂区园林绿化。

**食用方法：** 成熟果实可生食或酿酒。

# 111. 栀子花

*Gardenia jasminoides* Ellis

**科属**：茜草科栀子属

**形态特征**：常绿灌木。叶对生，革质，稀为纸质，少为 3 枚轮生，叶形多样，通常为长圆状披针形、倒卵状长圆形、倒卵形或椭圆形。花芳香，通常单朵生于枝顶，花冠白色或乳黄色。果卵形、近球形、椭圆形或长圆形，黄色或橙红色，有翅状纵棱。花期 3～7 月份，果期 5 月份至翌年 2 月份。

**生长习性**：喜温暖湿润气候，不耐寒，好阳光但又不能经受强烈阳光照射。

**药用功效**：果实入药，泻火除烦、清热利湿、凉血解毒。

**观赏价值及园林用途**：枝叶茂盛，叶簇翠绿光亮，花色洁白，芳香浓郁，果实奇特，成熟时金黄色，观果期长，极具观赏价值，是城镇良好的绿化、美化、香化的景观树种，可成片丛植或单植于林缘、庭院前、院隅、路旁，植种花篱也极适宜，也可作阳台绿化。

**食用方法**：栀子仁煮粥，栀子花可泡茶或凉拌，也可以炒小竹笋或鸡肉之类。

# 112. 中国沙棘

*Hippophae rhamnoides* subsp. *sinensis* Rousi

**科属：**胡颓子科沙棘属

**形态特征：**落叶灌木或乔木，棘刺较多。单叶通常近对生，纸质，狭披针形或矩圆状披针形。果实圆球形，橙黄色或橘红色。花期4～5月份，果期9～10月份。

**生长习性：**喜光，耐寒，耐酷热，耐风沙及干旱气候。对土壤适应性强。

**药用功效：**果实入药，祛痰止咳、消食化滞、活血散瘀。

**观赏价值及园林用途：**大规模种植的沙棘，是一道靓丽的风景，有诱人的观赏价值。到了秋天，翠绿的嫩叶，衬托着红得鲜艳耀眼的果实，实在是美得令人不由自主地驻足观赏。

**食用方法：**成熟果实可供鲜食，也可做成果酱、果汁、果酒等。

# 113. 紫叶李

*Prunus cerasifera* Ehrhart 'Atropurpurea'

**科属：** 蔷薇科李属

**形态特征：** 落叶灌木或小乔木。叶片椭圆形、卵形或倒卵形，先端急尖，叶紫红色。花1朵，稀2朵，花瓣白色。核果近球形或椭圆形，红色，微被蜡粉。花期4月份，果期8月份。

**生长习性：** 喜阳光、温暖湿润气候，对土壤适应性强，不耐干旱，较耐水湿。

**药用功效：** 果实入药，补中益气、润肠通便、止渴、养阴生津。

**观赏价值及园林用途：** 彩叶树种，枝繁叶茂，春天繁花似锦，花叶同放，非常漂亮、群植皆宜，能衬托背景。常植于建筑屋旁、院落内、河边和公园中小径两旁及道路侧分带等。

**食用方法：** 果实成熟后可以食用。

# 114.百里香

*Thymus mongolicus*(Ronniger) Ronniger

**科属：**唇形科百里香属

**形态特征：**常绿半灌木。茎多数，匍匐或上升；不育枝从茎的末端或基部生出，匍匐或上升，被短柔毛。叶为卵圆形，腺点多少有些明显。花序头状，花冠紫红、紫或淡紫、粉红色，被疏短柔毛。小坚果近圆形或卵圆形，压扁状，光滑。花期7～8月份。

**生长习性：**适宜在光照充足和干燥温暖的环境里生长。对土壤条件的要求不高。

**药用功效：**全株入药，祛风解表、行气止痛、止咳。

**观赏价值及园林用途：**植株小巧，夏秋季开花，花小繁多，花朵紫红色或粉红色，气味芳香，是一种独特的芳香观赏花卉。

**食用方法：**是日常生活当中的调味品，常用它的茎叶进行烹调，可以直接放入要烹饪的菜品中，一般经常用它来腌制肉类，能起到去除腥味、增香、提升口感的作用，还可以在腌菜、做汤时加入，能提升菜的清香和汤味的鲜美。在欧洲地区，是直接将百里香与其他调料混合，放入肉馅或塞到鸡肉中，进行烤制的。

# 115. 鹅绒藤

*Cynanchum chinense* R. Br.

**科属：**萝藦科鹅绒藤属

**形态特征：**缠绕草本，全株被短柔毛。叶对生，薄纸质，宽三角状心形，叶面深绿色，叶背苍白色，两面均被短柔毛。伞形聚伞花序腋生，两歧；花萼外面被柔毛；花冠白色。蓇葖果细圆柱状。花期6～8月份，果期8～10月份。

**生长习性：**生长于山坡向阳灌木丛中或路旁、河畔、田埂边。

**药用功效：**乳汁及根入药，清热解毒、消积健胃、利水消肿。

**观赏价值及园林用途：**具有较高观赏价值的攀援植物，其花朵美丽典雅，又有清香味，非常适合用于园林绿化、装饰效果。

**食用方法：**取藤叶、藤枝晒干和不晒干都可以进行熬水喝；炒菜是放入锅里一起翻炒，就和蔬菜一样。

# 116. 佛手瓜

*Sechium edule* (Jacq.) Swartz

**科属：** 葫芦科佛手瓜属

**形态特征：** 具块状根的多年生宿根草质藤本，茎攀援或人工架生。叶片膜质，近圆形。雌雄同株。雄花 10 ～ 30 朵生于 8 ～ 30cm 长的总花梗上部成总状花序。果实淡绿色，倒卵形。花期 7 ～ 9 月份，果期 8 ～ 10 月份。

**生长习性：** 喜温暖，但不耐热，也不耐霜，属短日照植物，在长日照下不能开花结果。

**药用功效：** 果实入药，理气和中、疏肝止咳。

**观赏价值及园林用途：** 四季常绿，果形奇特，果香四溢，是一种观赏型香味盆景。因其果实成熟时各心皮分离，形成细长弯曲的果瓣，状如纤手，以形得名，故名佛手；兼与"福寿"谐音，寓意"福寿吉祥，招财进宝"。

**食用方法：** 成熟果实可作蔬菜。鲜瓜可切片、切丝，作荤炒、素炒、凉拌，做汤、涮火锅、优质饺子馅等。还可加工成腌制品或做罐头。在国外，佛手瓜以蒸制、烘烤、油炸、嫩煎等方法食用。

# 117. 栝楼

*Trichosanthes kirilowii* Maxim.

**科属：** 葫芦科栝楼属

**形态特征：** 多年生草质藤本。茎有棱线，卷须2～3歧。叶互生，叶片宽卵状心形，长宽相近，浅裂至深裂，花冠白色，雌花单生。果实椭圆形至球形，果瓤橙黄色。种子扁椭圆形。花期6～8月份，果期9～10月份。

**生长习性：** 喜温暖湿润的气候环境，较耐旱，怕水涝。

**药用功效：** 果实入药，清热涤痰，宽胸散结，润燥滑肠。

**观赏价值及园林用途：** 外形奇特，色彩艳丽，可用于园林垂直绿化和室内观赏。

**食用方法：** 籽干炒后食用，质脆肉满，香气浓厚，是休闲食品瓜子中的极品。

# 118. 华中五味子

*Schisandra sphenanthera* Rehder& E. H. Wilson

**科属：** 木兰科五味子属

**形态特征：** 落叶木质藤本。叶纸质，倒卵形、宽倒卵形，或倒卵状长椭圆形，有时圆形，很少椭圆形。花生于近基部叶腋，花橙黄色。聚合果成熟后深红色。花期4～7月份，果期7～9月份。

**生长习性：** 喜光，较耐阴，耐寒性强，多生于湿润山坡边或灌木丛中。

**药用功效：** 果入药，收敛、滋补、生津、止泻。

**观赏价值及园林用途：** 树形优美，秋转红叶，果穗红艳下垂，可将其挂于花架，或用于棚架、园林建筑的屋顶上，垂挂下来，挂果时能创造出很好的景观效果。也可用于山石绿化或盆栽观赏。

**食用方法：** 果属于日常补益食材，一般干果常用于泡茶、泡酒、煮粥或者炖肉。

# 119. 鸡蛋果

*Passiflora edulis* Sims

**科属：**西番莲科西番莲属

**形态特征：**草质藤本。叶纸质，掌状3深裂。聚伞花序退化仅存1花，与卷须对生，花芳香。浆果卵球形，熟时紫色。花期6月份，果期11月份。

**生长习性：**喜阳光充足、气候温暖、土壤肥沃、排水良好环境。不耐寒，忌积水。

**药用功效：**果实入药，清热解毒、镇痛安神。

**观赏价值及园林用途：**花大美丽，花形奇特，果色鲜艳。常用于垂直绿化和棚架绿化。

**食用方法：**成熟果实的果肉可以生吃，主要用于加工果汁饮料，有"果汁之王"的美誉，或者添加在其他饮料中以提高饮料的品质；也可以当菜吃，放在火上烤，或者最好放在烫的灶灰里埋一埋，将皮烤软后剥掉，切细，然后可以用来炒肉吃，也可以加上调料凉拌着吃，味道非常不错。可以和青菜、白菜一起煮"酸杷菜"吃。拌青辣子，佐以干鸡枞、大蒜、生姜、芫荽，是有名的家常菜。

# 120. 木通

*Akebia quinata* (Houttuyn) Decaisne

**科属：** 木通科木通属

**形态特征：** 落叶木质藤本。掌状复叶互生或在短枝上的簇生，小叶纸质，倒卵形或倒卵状椭圆形。伞房花序式的总状花序腋生，花略芳香。果孪生或单生，成熟时紫色，腹缝开裂。花期4～5月份，果期6～8月份。

**生长习性：** 喜阴湿，较耐寒。常生长在低海拔山坡林下草丛中。

**药用功效：** 茎、根和果实入药，利尿、通乳、消炎。

**观赏价值及园林用途：** 花紫红色，玲珑可爱，花未开放时，花序如一串串绿色的葡萄挂在藤间，花绽放后，花序如一串串紫色的风铃摇曳在翠叶中。可配植于花架、门廊或攀附透空格墙、栅栏之上，或匍匐岩隙之间，还可用于高架桥桥墩绿化，是优良的垂直绿化材料。

**食用方法：** 成熟鲜果味甜可直接吃，也可以拌糖煮着吃，果皮晒干切丝泡茶，果切丝和瘦肉胡萝卜炒食。

# 121. 葡萄

*Vitis vinifera* L.

**科属：** 葡萄科葡萄属

**形态特征：** 木质藤本。叶卵圆形，托叶早落。圆锥花序密集或疏散，多花，与叶对生。果实球形或椭圆形。花期4～5月份，果期8～9月份。

**生长习性：** 喜光，喜温，耐寒能力较差。

**药用功效：** 果入药，补气血、生津液、健脾开胃、利尿消肿。

**观赏价值及园林用途：** 树姿优美，果色艳丽晶莹。可做成篱架、花廊、花架，又可成片栽植，还可盆栽观赏，是园林结合生产的优良棚架树种。

**食用方法：** 成熟果实是一种水果，直接生吃，也可制果汁、果酱、罐头、蜜饯等。

# 122. 清风藤

*Sabia japonica* Maxim.

**科属：** 清风藤科清风藤属

**形态特征：** 落叶攀援木质藤本，老枝常留有木质化单刺状或双刺状的叶柄基部。叶近纸质，卵状椭圆形、卵形或阔卵形。花先叶开放，单生于叶腋，花淡黄绿色。分果爿近圆形或肾形。花期2～3月份，果期4～7月份。

**生长习性：** 喜阴凉湿润的气候。生长于山谷、林缘灌木林中。

**药用功效：** 根茎或叶入药，祛风利湿、活血解毒。

**观赏价值及园林用途：** 枝条纤细，再加上先花后叶的特点，使得清风藤在开花时显得非常轻盈秀丽，常用于园林景观的藤架栽培。

**食用方法：** 晒干后的茎叶或根一般用来泡药酒。

# 123.忍冬

*Lonicera japonica* Thunb

**科属：**忍冬科忍冬属

**形态特征：**半常绿藤本。叶纸质，卵形至矩圆状卵形，有时卵状披针形，稀圆卵形或倒卵形，小枝上部叶通常两面均密被短糙毛，下部叶常平滑无毛而下面多少带青灰色。花白色，后变黄色。果实圆形，熟时蓝黑色，有光泽。花期4～6月份（秋季亦常开花），果熟期10～11月份。

**生长习性：**适应性很强，生于山坡灌丛或疏林中、乱石堆、山足路旁及村庄篱笆边。

**药用功效：**花蕾入药，清热解毒、消炎退肿。

**观赏价值及园林用途：**枝繁叶茂，花朵奇特，香味清幽有很强的穿透力，是很好的观赏植物。除作假山老树攀缘藤萝点缀夏日景色外，还可作荫棚或使之攀附墙垣或绿篱，取其藤萝掩映之趣。枝干韧性强，可随意弯曲，是制作盆景的良材。也可取其扭曲多姿之老桩，截干蓄枝，促成蔓条纷垂，配之造型古朴的优美花盆，并使之枝蔓垂散一侧，疏密有度。

**食用方法：**鲜花或干花可直接泡水饮用，也可以与百合、枸杞一起煮制百合枸杞金银花茶，还可以做金银花瘦肉粥、金银花莲子粥，和金银花卷、银荷莲藕炒豆芽等小吃。

# 124. 中华猕猴桃

*Actinidia chinensis* Planch.

**科属：** 猕猴桃科猕猴桃属

**形态特征：** 大型落叶藤本。叶纸质，倒阔卵形至倒卵形或阔卵形至近圆形。聚伞花序1～3朵花，花初放时白色，开放后变淡黄色。果黄褐色，近球形、圆柱形、倒卵形或椭圆形，被茸毛、长硬毛或刺毛状长硬毛，成熟时秃净或不秃净。花期6月份，果熟期8～10月份。

**生长习性：** 生长于海拔200～600m低山区的山林中，一般多出现于高草灌丛、灌木林或次生疏林中，喜欢腐殖质丰富、排水良好的土壤。

**药用功效：** 整株均可入药，活血化瘀、清热解毒、利湿驱风。

**观赏价值及园林用途：** 藤蔓缠绕盘曲，枝叶浓密，花美且芳香，适用于垂直绿化，是良好的棚架材料，既可观赏又有经济收益，最适合在自然式公园中配植应用。

**食用方法：** 成熟果实除鲜食外，也可以加工成各种食品和饮料，如果酱、果汁、罐头、果脯、果酒、果冻等，国外常把它制成沙拉、沙司等甜点。

# 125. 紫藤

*Wisteria sinensis* (Sims) Sweet

**科属：**豆科紫藤属

**形态特征：**落叶藤本。茎左旋，枝较粗壮。奇数羽状复叶，小叶纸质，卵状椭圆形至卵状披针形。总状花序发自去年生短枝的腋芽或顶芽，花紫色。荚果倒披针形，密被绒毛，悬垂枝上不脱落。花期4月中旬至5月上旬，果期5～8月份。

**生长习性：**对气候和土壤的适应性强，较耐寒，能耐水湿及瘠薄土壤，喜光，较耐阴。

**药用功效：**花、茎、叶、根、紫藤瘤、种子皆入药，花：利小便；茎、叶、根、瘤：杀虫、止痛、解毒、止吐泻；种子：杀虫、防腐。

**观赏价值及园林用途：**优良的观花藤本植物，自古即栽培作庭园棚架植物，先叶开花，紫穗满枝缀以稀疏嫩叶，十分优美。一般应用于园林棚架，春季紫花烂漫，别有情趣，适栽于湖畔、池边、假山、石坊等处，具独特风格，盆景也常用。

**食用方法：**花可以用来做紫藤糕、紫藤粥、炸紫藤鱼，还可以炒菜或者凉拌。

# 126. 八宝景天

*Hylotelephium spectabile* (Bor.) H. Ohba

**科属**：景天科八宝属

**形态特征**：多年生草本。叶对生，或 3 叶轮生，卵形至宽卵形，或长圆状卵形。花序大，伞房状，顶生，花瓣淡紫红色至紫红色。蓇葖直立。花期 8～9 月份，果期 9～10 月份。

**生长习性**：喜欢强光和干燥、通风良好的环境，忌雨涝积水。

**药用功效**：全株入药，祛风利湿、活血散瘀、止血止痛。

**观赏价值及园林用途**：颜色艳丽，与其他花卉放到一起，不仅争艳，还能起到衬托的作用。园林中常用来布置花坛，可以做圆圈、方块、云卷、弧形、扇面等造型，也可以用作地被植物，是布置花坛、花境和点缀草坪、岩石园的好材料。

**食用方法**：嫩茎叶，洗净，开水焯熟，再用清水浸洗，可凉拌、炒食。

# 127. 白苞蒿

*Artemisia lactiflora* Wall. ex DC.

**科属**：菊科蒿属

**形态特征**：多年生草本。叶薄纸质或纸质，基生叶与茎下部叶宽卵形或长卵形，二回或一至二回羽状全裂。头状花序长圆形，数枚或10余枚排成密穗状花序，在分枝上排成复穗状花序，在茎上端组成圆锥花序。瘦果倒卵形或倒卵状长圆形。花果期8～11月份。

**生长习性**：生长于林下、林缘、灌丛边缘、山谷等湿润或略为干燥地区。

**药用功效**：全草入药，活血散瘀、理气化湿。

**观赏价值及园林用途**：茎杆较为细长，整体看上去更加的脆弱纤细，此外花小而白色，呈苞状，排列成圆锥花序，在深绿的大叶片的对比下，给人极强的视觉体验，观赏价值较高，可以用于制作花草标本、制作园艺景观、制作盆景等。

**食用方法**：采摘嫩梢、嫩叶食用，一般用来做汤、炒泥鳅、做鸡蛋汤等。

# 128.百合

*Lilium brownii* F. E. Brown ex Miellez var. *viridulum* Baker

**科属：** 百合科百合属

**形态特征：** 鳞茎球形，白色。叶倒披针形至倒卵形。花单生或几朵排成近伞形，花喇叭形，有香气，乳白色，外面稍带紫色，无斑点。蒴果矩圆形，有棱，具多数种子。花期5～6月份，果期9～10月份。

**生长习性：** 喜凉爽，较耐寒。高温地区生长不良。喜干燥，怕水涝。

**药用功效：** 地下鳞茎、种子和花均可入药，解毒、理脾健胃、咳嗽、化痰。

**观赏价值及园林用途：** 在园林中应用广泛，可以和花木或山石配植，在种植原则上，常用高大种类百合与灌木配植成丛；中高种类百合则适宜稀疏林下或林缘空地成片栽植或丛植，亦可作花坛中心及花境背景，更显示出百合花娇艳妩媚的花色和壮丽豪放的雄姿。

**食用方法：** 百合有鲜、干两种，均含有丰富的蛋白质、脂肪、脱甲秋水仙碱和钙、磷、铁以及维生素等，是老幼皆宜的营养佳品。既可以煲汤、熬粥，也可以清炒。

# 129. 百日菊

*Zinnia elegans* Jacq.

**科属：** 菊科百日菊属

**形态特征：** 一年生草本。茎直立，被糙毛或长硬毛。叶宽卵圆形或长圆状椭圆形，基部稍心形抱茎，两面粗糙，下面被密的短糙毛。头状花序单生于枝端。舌状花深红色、玫瑰色、紫堇色或白色，管状花黄色或橙色。雌花瘦果倒卵圆形，管状花瘦果倒卵状楔形。花期6～9月份，果期7～10月份。

**生长习性：** 喜欢温暖湿润环境，可耐半阴和干旱，但不耐严寒。

**药用功效：** 全草入药，清热、解毒。

**观赏价值及园林用途：** 花期比较长，株形美观，花色丰富而艳丽，养护简单，是夏日园林中的优良花卉，可按高矮分别用于花坛、花境、花带，还是道路绿化的常见花卉，也常用于盆栽，其中高杆品种也是鲜切花的原材料。

**食用方法：** 嫩叶可食，做成蔬菜沙拉。

# 130. 败酱

*Patrinia scabiosifolia* Link

**科属：** 败酱科败酱属

**形态特征：** 多年生草本。根茎横卧或斜坐，有特殊的臭气，如腐败的豆酱味。基生叶丛生，花时枯落，卵形、椭圆形或椭圆状披针形；茎生叶对生，宽卵形或披针形。顶生大型聚伞花序多分枝，呈伞房状的圆锥花丛，花色为黄色。瘦果椭圆形，不具翼状苞。花期 7～9 月份，果期 9 月份。

**生长习性：** 喜稍湿润环境，耐严寒，以较肥沃的沙质土壤为佳。

**药用功效：** 全草、嫩苗和种子可入药，全草：清热解毒、消肿排脓；种子：利肝明目；嫩苗：和中益气、利肝明目。

**观赏价值及园林用途：** 经典的初秋观赏植物，常与芒草、瞿麦、地榆等植物装点秋季。花量大，低调素雅又极富结构感，花枝挺立而不倒伏，适合林下绿化栽培。

**食用方法：** 吃法简单。幼苗嫩叶先用开水烫熟，然后凉拌，热炒、做汤、做馅都行。

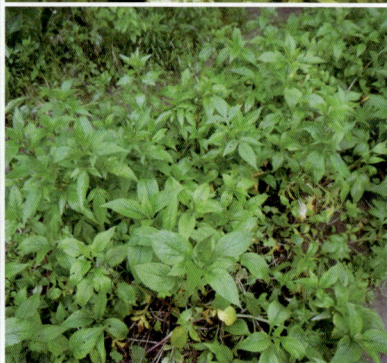

# 131. 半边莲

*Lobelia chinensis* Lour.

**科属**：桔梗科半边莲属

**形态特征**：多年生草本。叶互生，椭圆状披针形至条形。花通常1朵，生于分枝的上部叶腋。花冠粉红色或白色。蒴果倒锥状。花果期5～10月份。

**生长习性**：生长于水田边、沟边及潮湿草地上。长江中、下游及以南各地区。

**药用功效**：全草入药，清热解毒、利尿消肿。

**观赏价值及园林用途**：常绿不凋，花繁叶茂，色彩丰富，具有很高的观赏价值，尤其是花开一半的花朵更是别具一格。它是阳台、庭院、花坛、公园或绿化带常见的观景植物之一。由于半边莲的生存能力强，很容易栽培和管理，因此备受许多盆栽爱好者的喜爱。

**食用方法**：干或鲜嫩茎叶可用来泡茶或者炖鱼汤。

# 132.薄荷

*Mentha canadensis* Linnaeus

**科属：**唇形科薄荷属

**形态特征：**多年生草本。茎直立，高 30～60cm。叶片为披针形或椭圆形，边缘有粗大的锯齿，表面为淡绿色。轮伞花序腋生，轮廓球形，具梗或无梗。花萼管状钟形，外被微柔毛及腺点，内面无毛。花冠淡紫色。花期 7～9 月份，果期 10 月份。

**生长习性：**适应性强，耐寒且好种植。喜欢光线明亮但不直接照射到阳光之处，同时要有丰润的水分。

**药用功效：**全草入药，疏散风热、清利头目、利咽透疹、疏肝行气。

**观赏价值及园林用途：**株形丰满，叶色青翠，常年绿意盎然，颇具观赏价值，常作布置花境，也可盆栽观赏。

**食用方法：**新鲜嫩茎叶可以食用，也能够榨汁，而且还可以冲茶和配酒，或作为调味剂和香料。

# 133. 北葱

*Allium schoenoprasum* L.

**科属：**百合科葱属

**形态特征：**多年生草本。鳞茎常数枚聚生，卵状圆柱形，鳞茎外皮灰褐色或带黄色，皮纸质，条裂，有时顶端纤维状。叶光滑，管状，中空，略比花葶短。花葶圆柱状，中空。伞形花序近球状，具多而密集的花，花紫红色至淡红色，具光泽。内轮花丝基部狭三角形扩大，花柱不伸出花被外。花果期7～9月份。

**生长习性：**喜凉爽阳光充足的环境，忌湿热多雨，要求疏松肥沃的沙壤土。

**药用功效：**全草入药，发表散寒、祛风胜湿、解毒消肿。

**观赏价值及园林用途：**庭园香氛药草植物，大片开花时似粉色的海洋，非常壮观。

**食用方法：**可食用部位一般是叶片鞘以上的部分，是常见的香辛调味料。最常见的用法是切碎生用，直接撒在焗土豆、沙拉、蛋饼、烤鱼、米线等各种食物上，既能起到点缀作用，又能增加食物的风味。

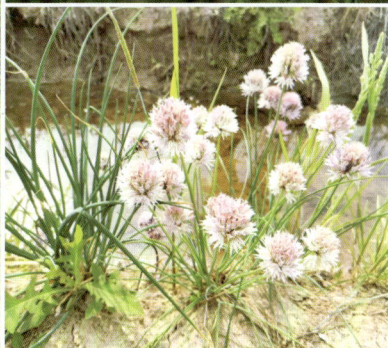

# 134.荸荠

*Eleocharis dulcis* (Burm. f.) Trin. ex Hensch.

**科属:** 莎草科荸荠属

**形态特征:** 多年生宿根性草本,秆丛生,有横隔膜,干后有节,无叶片。小穗圆柱状,具多花。小坚果宽倒卵形,扁双凸状。

**生长习性:** 喜温暖湿润,不耐霜冻,常生长在浅水田中。

**药用功效:** 球茎及地上部分入药,球茎:清热止渴、利湿化痰;地上全草:清热利尿。

**观赏价值及园林用途:** 适合露地栽种,为池畔溪边的造景材料,亦可盆栽观赏。园林水景中,可点缀造景;人工湿地中,常作为表流湿地配置植物应用。

**食用方法:** 以地下膨大球茎供食用,可以生食、熟食或做菜,尤适于制作罐头,称为"清水马蹄",是菜馆的主要佐料之一;并可提取淀粉,与藕及菱粉称为淀粉三魁。

# 135. 车前

*Plantago asiatica* Ledeb.

**科属：** 车前科车前属

**形态特征：** 二年生或多年生草本。须根多数。叶基生呈莲座状，叶片薄纸质或纸质，宽卵形至宽椭圆形。穗状花序细圆柱状，花冠白色，无毛。蒴果纺锤状卵形、卵球形或圆锥状卵形。花期4～8月份，果期6～9月份。

**生长习性：** 适应性强，喜向阳、湿润的环境，耐寒、耐旱、耐涝。

**药用功效：** 种子全草入药，清热利尿、祛痰、凉血、解毒。

**观赏价值及园林用途：** 通体碧绿，散发着勃勃生机，圆润的叶子犹如猪耳朵一样可爱，翠绿的花序随风摇摆，生动有趣。适用于林下、边缘或半阴处作园林地被植物，也可作花坛、花径的镶边材料，在草坪中成丛散植，可组成缀花草坪，饶有野趣，也可盆栽供室内观赏。

**食用方法：** 鲜嫩幼株或幼芽焯水后凉拌、炒食、煲汤、做饺子馅料。

# 136. 垂盆草

*Sedum sarmentosum* Bunge

**科属：**景天科景天属

**形态特征：**多年生草本。3叶轮生，叶倒披针形至长圆形，基部骤窄，有距。聚伞花序，不育枝及花茎细，匍匐而节上生根，直到花序之下。花瓣黄色。种子卵形。花期5～7月份，果期8月份。

**生长习性：**喜温暖湿润、半阴的环境，适应性强。

**药用功效：**全草入药，缓解烫伤、清热利湿、消痈退肿。

**观赏价值及园林用途：**叶质肥厚，色绿如翡翠，颇为整齐美观。可用于岩石园及吊盆观赏等。

**食用方法：**鲜嫩茎叶常和红枣搭配，煮茶或是切碎熬成糖浆，也可用新鲜垂盆草汁液熬粥。

# 137.丹参

*Salvia miltiorrhiza* Bunge

**科属：**唇形科鼠尾草属

**形态特征：**多年生直立草本。根肥厚，肉质，外面朱红色，内面白色。叶常为奇数羽状复叶，小叶卵圆形或椭圆状卵圆形或宽披针形。轮伞花序，下部者疏离，上部者密集，组成具长梗的顶生或腋生总状花序，花冠紫蓝色。小坚果黑色，椭圆形。花期4～8月份，花后见果。

**生长习性：**喜温暖湿润气候，耐严寒。

**药用功效：**根茎入药，活血调经、凉血消痈、安神。

**观赏价值及园林用途：**花色素淡，叶片翠绿，适于作疏林下的地被、花境材料，能给人秀丽恬静、重返自然的感觉。

**食用方法：**根（习惯性用根切片）一般干制品用来炖汤或泡水。由于丹参的根有活血作用，孕妇不宜食用，易导致流产。

# 138. 地肤

*Kochia scoparia* (L.) A. J. Scott

**科属：** 藜科地肤属

**形态特征：** 一年生草本。根略呈纺锤形。茎直立，淡绿色或带紫红色，分枝稀疏，斜上。叶为平面叶，披针形或条状披针形。花两性或雌性，通常 1～3 个生于上部叶腋，构成疏穗状圆锥状花序，花被近球形，淡绿色。胞果扁球形，果皮膜质。花期 6～9 月份，果期 7～10 月份。

**生长习性：** 适应性强，喜光，耐旱、耐碱土、耐修剪，耐炎热气候，不择土壤。

**药用功效：** 果实入药，清湿热、利尿。

**观赏价值及园林用途：** 作为彩色叶地被植物，可群植于花境、花坛，或与色彩鲜艳的花卉配植，可用来点缀零星空地。在土丘、假山上随坡就势、高低错落、疏密相间，可形成独特的园林景观。

**食用方法：** 嫩茎叶可以和面蒸食，做馅、炒食、凉拌、做汤等，如清炒地肤苗、焦炸地肤苗。种子可榨油。

# 139.地榆

*Sanguisorba officinalis* L

**科属：**蔷薇科地榆属

**形态特征：**多年生草本。基生叶为羽状复叶，小叶片卵形或长圆状卵形；茎生叶较少，小叶片长圆形至长圆披针形，狭长。穗状花序椭圆形，圆柱形或卵球形，萼片紫红色。果实包藏在宿存萼筒内。花果期7～10月份。

**生长习性：**喜温暖湿润环境，耐寒，对土壤要求不严。

**药用功效：**根入药，凉血止血、解毒敛疮。

**观赏价值及园林用途：**叶形美观，其紫红色穗状花序摇曳于翠叶之间，高贵典雅，可作花境背景或栽植于庭园、花园供观赏。

**食用方法：**春夏季采集嫩苗、嫩茎叶或花穗，焯水后用于炒食、做汤和腌菜，也可做色拉，因其具有黄瓜清香，做汤时放几片地榆叶更加鲜美；还可将其浸泡在啤酒或清凉饮料里增加风味。

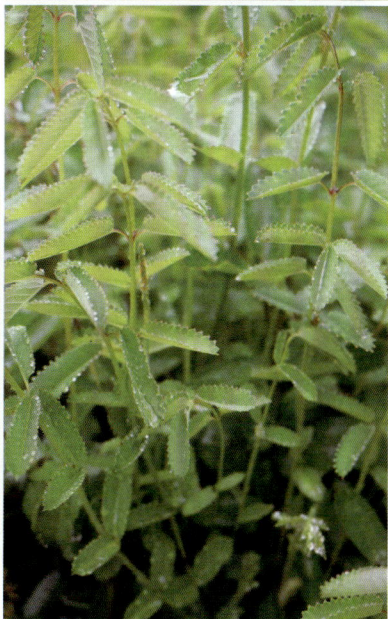

# 140. 东风菜

*Aster scaber* Thunb.

**科属**：菊科东风菜属

**形态特征**：多年生草本。根状茎粗壮。茎直立，分枝被微毛。基部叶在花期枯萎，叶片心形，边缘有具小尖头的齿，顶端尖，基部急狭成被微毛的柄；中部叶较小，卵状三角形，基部圆形或稍截形，有具翅的短柄；上部叶小，矩圆披针形或条形；全部叶两面被微糙毛，下面浅色，有三或五出脉，网脉显明。头状花序，圆锥伞房状排列。总苞片无毛，边缘宽膜质，有微缘毛，顶端尖或钝，覆瓦状排列。舌状花，舌片白色，条状矩圆形。瘦果倒卵圆形或椭圆形，无毛。冠毛污黄白色，有多数微糙毛。花期 6～10 月；果期 8～10 月。

**生长习性**：生于山地林缘及溪谷旁草丛中。

**药用功效**：根茎及全草入药，清热解毒、明目、利咽。

**观赏价值及园林用途**：整体形态独特且美观，不仅可以在花坛中群植，还可以与其他花卉混植，增加花园的多样性和美感。

**食用方法**：幼苗、嫩茎叶可供食用，山里老百姓春季采收食用。其嫩茎叶，凉拌、炒食、做汤、炖土豆或肉类，还可做天妇罗等，味道鲜美口感较好。

# 141. 东亚魔芋

*Amorphophallus kiusianus* (Makino) Makino

**科属：** 天南星科魔芋属

**形态特征：** 多年生草本，块茎扁球形。鳞叶2，卵形，披针状卵形，有青紫色、淡红色斑块。叶柄光滑，绿色，具白色斑块。佛焰苞管部席卷，外面绿色，具白色斑块，内面暗青紫色，基部有疣皱。肉穗花序无梗，浆果红至蓝色。花期5月份。

**生长习性：** 喜欢生长在温暖、含水量高、腐殖质丰富且排灌良好的土壤中，有较强的耐阴性。

**药用功效：** 块茎入药，解毒消肿。

**观赏价值及园林用途：** 花大奇特，观赏性极佳，适合丛植于园路边、山石边、小径或角隅，均可取得较好的观赏效果。

**食用方法：** 块茎经过加工制造后，可制作豆腐、蒟蒻等作为蔬食。

# 142. 番杏

*Tetragonia tetragonioides* (Pall.) Kuntze

**科属：** 番杏科番杏属

**形态特征：** 一年生肉质草本，无毛，表皮细胞内有针状结晶体，呈颗粒状凸起。茎初直立，后平卧上升，肥粗，淡绿色，从基部分枝。叶片卵状菱形或卵状三角形，边缘波状；叶柄肥粗。花单生或2～3朵簇生叶腋；花被筒内面黄绿色。坚果陀螺形，具钝棱，有4～5角，附有宿存花被，具数颗种子。花果期8～10月份。

**生长习性：** 喜温暖湿润的气候，适应性很强，耐热耐寒，但地上部分不耐霜冻。适各种土壤栽培，也野生于海滩。

**药用功效：** 全草入药，清热解毒、祛风消肿。

**观赏价值及园林用途：** 枝繁叶茂，肉质的叶，是很优良的观叶植物。可作为地被植物用于园林规划。

**食用方法：** 以肥厚多汁的嫩叶、嫩梢为食用部分供食，营养丰富，烹饪方式多样。因含有单宁物质，在食用前用开水焯透去涩，然后凉拌、炒食、做汤、做粥、做馅均可。

# 143. 费菜

*Phedimus aizoon* (Linnaeus)'t Hart

**科属：** 景天科费菜属

**形态特征：** 多年生草本。根状茎短，直立。叶互生，狭披针形、椭圆状披针形至卵状倒披针形，坚实，近革质。聚伞花序有多花，肉质萼片，花黄色。花期6～7月份，果期8～9月份。

**生长习性：** 喜光照，喜温暖湿润气候，不耐水涝。

**药用功效：** 根或全草入药，止血散瘀、安神镇痛。

**观赏价值及园林用途：** 叶子和花具有观赏性，一般用于花坛、花境以及地被栽种，也可以用盆栽或者是吊栽的，调节空气以及湿度、点缀平台庭院等。

**食用方法：** 费菜叶可以直接生吃，洗净晾干后直接蘸食面酱就可以食用。还可以凉拌、清炒、做汤。

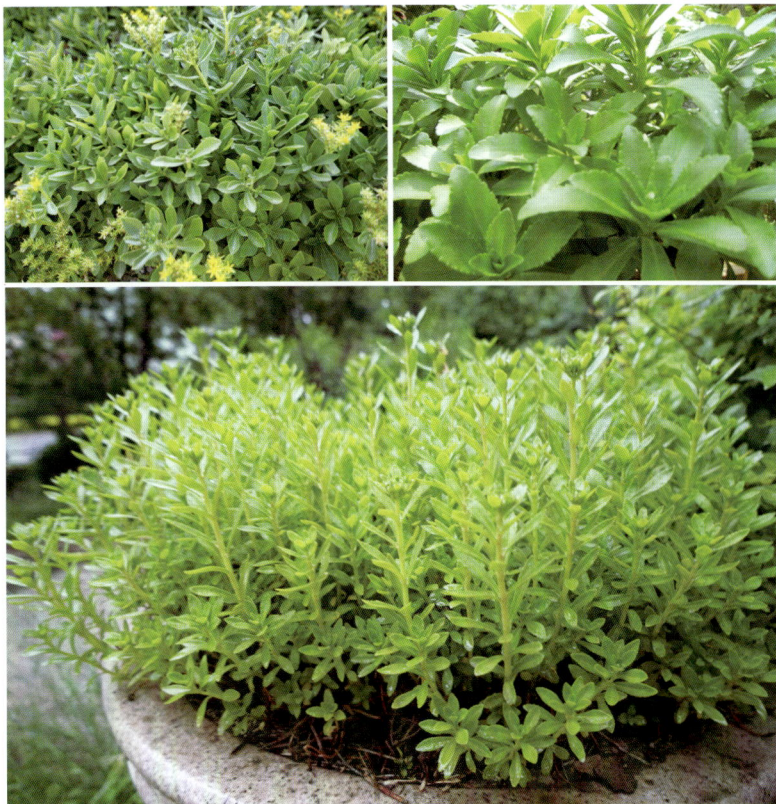

# 144. 蜂斗菜

*Petasites japonicus* (Sieb. et Zucc.) F. Schmidt

**科属：** 菊科蜂斗菜属

**形态特征：** 多年生草本，雌雄异株。基生叶具长柄，叶片圆形或肾状圆形，纸质。头状花序多数，密集成密伞房状，有同形小花。瘦果圆柱形，冠毛白色。花期 4～5 月份，果期 6 月份。

**生长习性：** 喜欢阴凉、空气湿润的环境。生长于向阳山坡林下、溪谷旁潮湿草丛中。

**药用功效：** 根茎及全草入药，清热解毒、散瘀消肿。

**观赏价值及园林用途：** 叶形优美，早春开花，适宜作为阴生地被植物。

**食用方法：** 鲜嫩叶柄和嫩花芽供食用，焯水之后就可以凉拌、炝、炒、做汤等。

# 145. 凤仙花

*Impatiens balsamina* L.

**科属：** 凤仙花科凤仙花属

**形态特征：** 一年生草本。叶互生，最下部叶有时对生；叶片披针形、狭椭圆形或倒披针形。花单生或 2～3 朵簇生于叶腋，无总花梗，白色、粉红色或紫色，单瓣或重瓣。蒴果宽纺锤形，密被柔毛。花期 7～10 月份。

**生长习性：** 喜阳光，怕湿，耐热不耐寒。适生长于疏松肥沃微酸土壤中，但也耐瘠薄。

**药用功效：** 根、茎、花及种子入药。根：活血通经、消肿止痛；茎：祛风湿、活血止痛、清热利尿、消肿解毒；花：祛风、解毒、活血、消肿、止痛；种子：软坚、消积。

**观赏价值及园林用途：** 常见的观赏花卉。花如鹤顶、似彩凤，姿态优美，妩媚悦人。因其花色、品种极为丰富，是美化花坛、花境的常用材料，可丛植、群植和盆栽，也可作切花水养。

**食用方法：** 鲜嫩茎可炒、烧、烩、腌、泡茶或泡酒，炒肉片、烧青笋等。

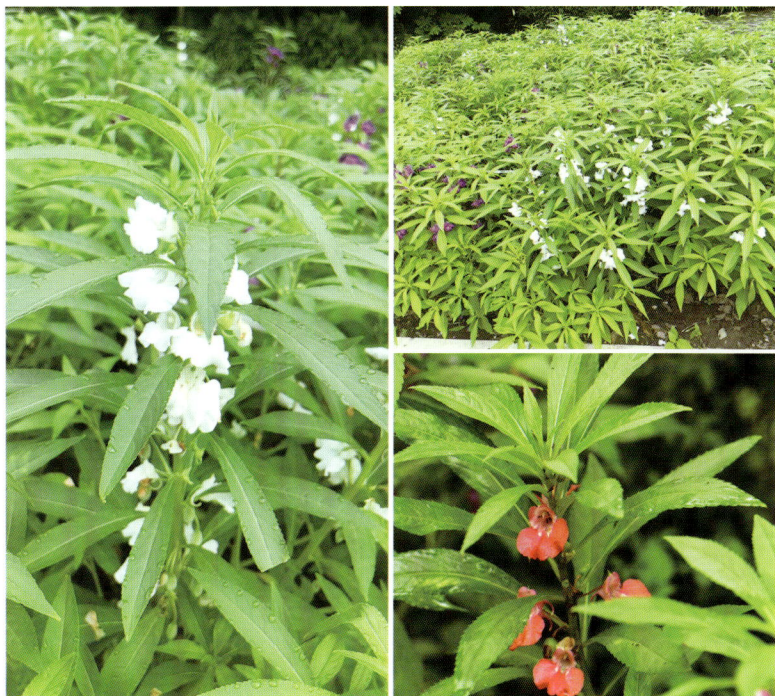

# 146. 佛甲草

*Sedum lineare* Thunb.

**科属：** 景天科景天属

**形态特征：** 多年生草本，无毛。3叶轮生，少有4叶轮或对生的，叶线形。花序聚伞状，顶生，花瓣黄色。种子小。花期4～5月份，果期6～7月份。

**生长习性：** 适应性强，耐寒，耐旱，耐盐碱，耐贫瘠。

**药用功效：** 全草入药，清热解毒、散瘀消肿、止血。

**观赏价值及园林用途：** 植株精致，花朵漂亮，叶片翠绿，四季常青，观赏性极佳，用来点缀客厅、窗台、阳台、书房等处显得清新自然、绿意盎然。

**食用方法：** 幼嫩茎叶焯过水后按个人的口味凉拌，或是加入蒜泥和盐，略苦带香，特别爽口。

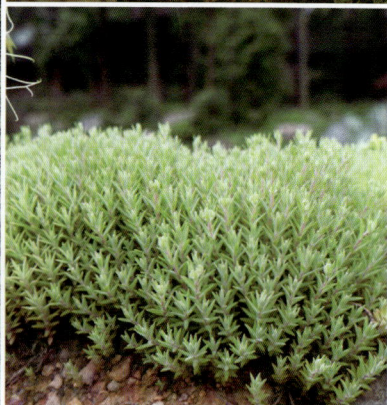

# 147.菰

*Zizania latifolia* (Griseb.) Turcz. ex Stapf

**科属：**禾本科菰属

**形态特征：**多年生草本，具匍匐根状茎。叶鞘长于其节间，肥厚，有小横脉；叶舌膜质，叶片扁平宽大。圆锥花序分枝多数簇生，果期开展。颖果圆柱形。花果期6～9月份。

**生长习性：**喜温性植物，不耐寒冷和高温干旱。

**药用功效：**秆基嫩茎、根及果实入药。秆基嫩茎：清热除烦、止渴、通乳、利大小便；菰根：清热解毒；菰实：清热除烦、生津止渴。

**观赏价值及园林用途：**茎秆高大，叶片翠绿、扁平宽大，可用于园林水体的浅水区绿化布置，为鱼类的越冬场所，也是固堤造陆的先锋植物。

**食用方法：**秆基嫩茎为真菌寄生后，粗大肥嫩，称茭白，是美味的蔬菜，可凉拌，又可与肉类、蛋类同炒，还可以做成饺子、包子、馄饨的馅，或制成腌品。颖果称菰米，作饭食用。

# 148. 杭白菊

*Chrysanthemum morifolium* 'Hangbaiju'

**科属：** 菊科茼蒿属

**形态特征：** 多年生草本。叶卵形至披针形，羽状浅裂或半裂。头状花序，舌状花白色，瘦果不发育。花期9～11月份。

**生长习性：** 喜光，耐寒不耐高温。

**药用功效：** 花序入药，止痢、消炎、明目、降脂、强身。

**观赏价值及园林用途：** 花瓣较为厚实，朵形也相对较大，开花量大，花瓣白如玉，花芯金黄，看起来非常漂亮，可种植于庭院花坛内，也可点缀窗台、阳台。

**食用方法：** 杭白菊肉质肥厚，味道清醇甘美，特别适合泡茶饮用。

# 149. 华夏慈姑

*Sagittaria trifolia* subsp. *leucopetala* (Miquel) Q. F. Wang

**科属：** 泽泻科慈姑属

**形态特征：** 多年生草本。叶片宽大，肥厚，顶裂片先端钝圆，卵形至宽卵形；匍匐茎末端膨大呈球茎，球茎卵圆形或球形。圆锥花序高大，着生于下部，果期常斜卧水中；果期花托扁球形。种子褐色，具小凸起。花果期5～10月份。

**生长习性：** 喜温湿及充足阳光，生长于湖泊、池塘、沼泽、沟渠、水田等水域。

**药用功效：** 全草入药，清热止血、解毒消肿、散结。

**观赏价值及园林用途：** 叶形奇特，植株美丽，可作水边、岸边的绿化材料，也可作为盆栽观赏。

**食用方法：** 球茎可作蔬菜食用，可炒、可烩、可煮。

# 150. 黄精

*Polygonatum sibiricum* Redouté

**科属：** 百合科黄精属

**形态特征：** 多年生草本植物，根茎横生，肥大肉质，茎高 50～90cm。叶轮生，条状披针形，先端拳卷或弯曲成钩。白色花被，或顶端黄绿色的筒状花朵，花期 5～6 月份，果期 8～9 月份。

**生长习性：** 生长于山地林下、灌丛或山坡的半阴处。

**药用功效：** 根入药，补气养阴、健脾、润肺、益肾。

**观赏价值及园林用途：** 春末夏初，黄绿色花朵形似串串风铃，其花期长，花谢果出，由绿色渐转至黑色、白色、紫色或红色，直至仲秋，黄精具有发达的贮存养分的根状茎，常作为地被植物种植于疏林草地、林下溪旁及建筑物阴面的绿地花坛、花境、花台及草坪周围来美化环境。

**食用方法：** 根可用来泡酒，煮粥，炖鸡、鸭、鱼、猪肉，连汤带肉一起吃。新鲜黄精根直接吃的话，其中所含有的黏液质成分，会对咽喉产生刺激，引起疼痛不适，因此，一般不建议吃新鲜黄精根，一般食用炮制过的熟黄精较多。

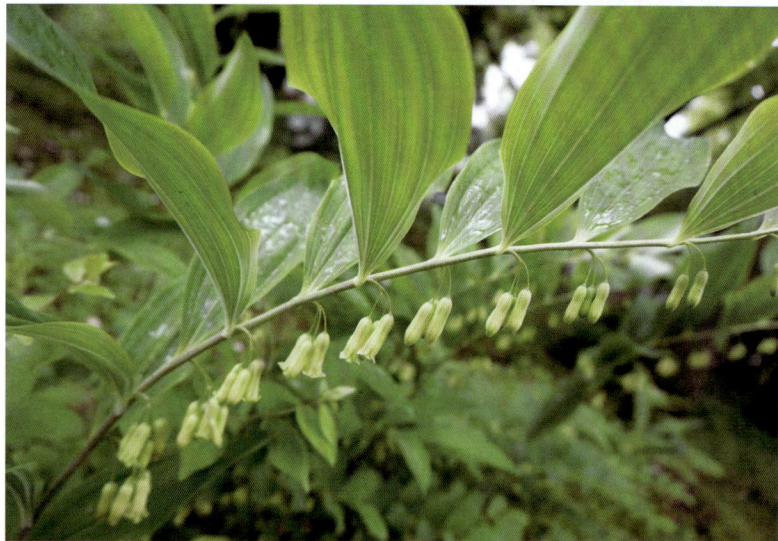

# 151. 黄秋葵

*Abelmoschus esculentus* (L.) Moench

**科属：** 锦葵科秋葵属

**形态特征：** 一年生草本，茎圆柱形，疏生散刺。叶掌状，两面均被疏硬毛。花单生于叶腋间，花黄色，内面基部紫色。蒴果筒状尖塔形，疏被糙硬毛。花期5～9月份。

**生长习性：** 喜温暖，喜光，耐热怕寒。

**药用功效：** 根、叶、花或种子入药，利咽、通淋、下乳、调经。

**观赏价值及园林用途：** 植株高，夏、秋开花，花大美丽，适用于篱边、墙角点缀，也可作林缘、建筑物旁和零星空隙地的背景材料。

**食用方法：** 鲜嫩果可作蔬食用，凉拌、热炒、油炸、炖食，做色拉、汤菜等。

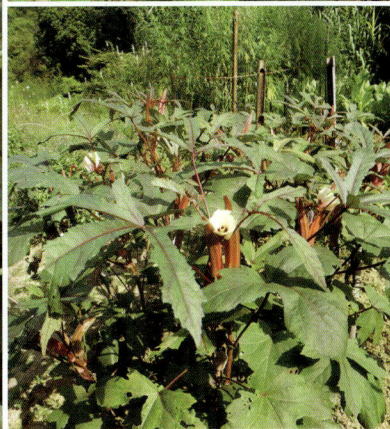

# 152.茴香

*Foeniculum vulgare* Mill.

**科属：** 伞形科茴香属

**形态特征：** 草本。叶片轮廓为阔三角形，4～5回羽状全裂，末回裂片线形。复伞形花序顶生与侧生，花瓣黄色。果实长圆形，果棱尖锐。花期5～6月份，果期7～9月份。

**生长习性：** 喜温暖、湿润、阳光充足的环境，对土壤要求不严。

**药用功效：** 果实入药，驱风祛痰、散寒、健胃、止痛。

**观赏价值及园林用途：** 植株散发馥雅的芳香和风味，常在花园中用来营造浪漫氛围，也可以做鲜切花或标本。

**食用方法：** 鲜嫩叶可作蔬菜食用或作调味用。

# 153.活血丹

*Glechoma longituba* (Nakai) Kupr.

**科属：**唇形科活血丹属

**形态特征：**多年生草本。叶草质，下部者较小，叶片心形或近肾形。轮伞花序，花冠淡蓝、蓝至紫色，下唇具深色斑点。成熟小坚果深褐色，长圆状卵形。花期4～5月份，果期5～6月份。

**生长习性：**喜阴湿环境，怕强光直射，对土壤的要求并不高。

**药用功效：**全草入药，清热解毒、利尿排石、散瘀消肿。

**观赏价值及园林用途：**淡紫色的花，圆形叶片类似于铜币，是阴湿环境的优良观叶地被植物。多用于片林下、灌丛中阴湿处，是城市立交桥、高架桥下的地被新宠。也可用于盆栽观赏及岩石园、花坛、花境的配植。

**食用方法：**嫩茎叶焯水后炒食。

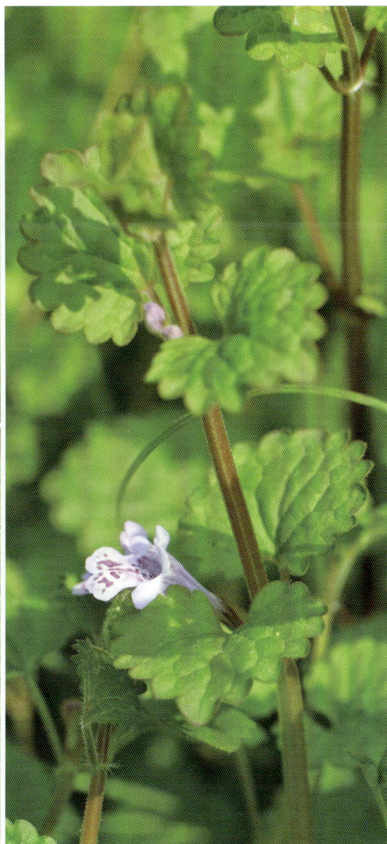

# 154. 藿香

*Agastache rugosa* (Fisch. et Mey.) O. Ktze.

**科属：** 唇形科藿香属

**形态特征：** 多年生草本。叶心状卵形至长圆状披针形，纸质，上面橄榄绿色，近无毛，下面略淡，被微柔毛及点状腺体。轮伞花序多花，在主茎或侧枝上组成顶生密集的圆筒形穗状花序。花冠淡紫蓝色，外被微柔毛，冠檐二唇形。成熟小坚果卵状长圆形，腹面具棱，先端具短硬毛，褐色。花期 6～9 月份，果期 9～11 月份。

**生长习性：** 喜温暖湿润和阳光充足环境，地上部分不耐寒，怕干燥和积水，对土壤要求不严。

**药用功效：** 全草入药，祛暑解表、化湿和胃。

**观赏价值及园林用途：** 叶片翠绿，茎叶和花都具有香气，观叶闻香赏花，当密集的淡紫红色花盛开时，优美雅致，适于花境、池畔和庭院成片栽植，也可盆栽观赏。

**食用方法：** 新鲜藿香洗净以后可以做成凉拌菜、泡茶、榨汁，也可以把它与肉片和鸡蛋等食材搭配在一起炒着吃，也可以用来做汤。

# 155. 鸡冠花

*Celosia cristata* L.

**科属：**苋科青葙属

**形态特征：**一年生草本。叶片卵形、卵状披针形或披针形。花多数，极密生，成扁平肉质鸡冠状、卷冠状或羽毛状的穗状花序，一个大花序下面有数个较小的分枝，圆锥状矩圆形，表面羽毛状；花被片红色、紫色、黄色、橙色或红色黄色相间。花果期 7 ～ 9 月份。

**生长习性：**喜温暖干燥气候，怕干旱，喜阳光，不耐涝，但对土壤要求不严。

**药用功效：**花序入药，收敛止血、止白带、止痢。

**观赏价值及园林用途：**鸡冠花的品种繁多，株、形、花色、叶色都有非常多的类型，享有"花中之禽"的美誉，是夏秋季常用的花坛用花。其中高型品种常用于花境、点缀树丛外缘，还是很好的切花材料，切花瓶插保持时间长。鸡冠花也可制干花，经久不凋。

**食用方法：**花可以和鸡蛋搭配一起做汤喝，也可以用来炖猪肺或与米酒浸泡后喝。

# 156. 蕺菜

*Houttuynia cordata* Thunb.

**科属：**三白草科蕺菜属

**形态特征：**多年生草本，全株有腥臭味；茎下部伏地，节上轮生小根，上部直立，有时紫红色。叶互生，薄纸质，有腺点，背面尤甚。花白色，无花被，穗状花序顶生长或与叶对生。蒴果顶端有宿存的花柱。花期4～7月份。

**生长习性：**喜温暖潮湿环境，忌干旱。耐寒，怕强光。

**药用功效：**全株入药，清热解毒、利尿通淋。

**观赏价值及园林用途：**枝叶碧绿，花蕊突出，是点缀园林水景区的优良观赏植物材料，与周围其他植物搭配种植，能突出园林水景之美。

**食用方法：**鲜嫩白根及叶凉拌（开水焯熟后可使腥味儿变淡些）或炒、蒸、炖等方法烹制，是夏季餐桌上的一道佳品。

# 157. 荚果蕨

*Matteuccia struthiopteris* (L.) Todaro

**科属：**球子蕨科荚果蕨属

**形态特征：**大中型陆生蕨，植株高90cm。根状茎粗壮，短而直立，木质，坚硬，深褐色。叶簇生，上面有深纵沟，基部三角形，具龙骨状突起，密被鳞片，向上逐渐稀疏，叶片椭圆披针形至倒披针形，向基部逐渐变狭，二回深羽裂，羽片40～60对，互生或近对生，斜展。能孕叶较短，一回羽状，羽片线形，两侧强度反卷成荚果状，包裹孢子囊群。

**生长习性：**不耐干旱，对水分要求严格；既耐高温，也耐低温。

**药用功效：**根状茎和叶柄残基入药，清热平肝、解毒杀虫、止血。

**观赏价值及园林用途：**叶片颜色翠绿，婀娜多姿，给人以赏心悦目的感觉，是很好的观叶植物，作地被植物及花境等用。

**食用方法：**幼叶含有丰富的维生素，用开水焯一下，炒食、做馅食用，荚果蕨的幼叶，可以盐渍，速冻保鲜，是山野菜中的佳品。

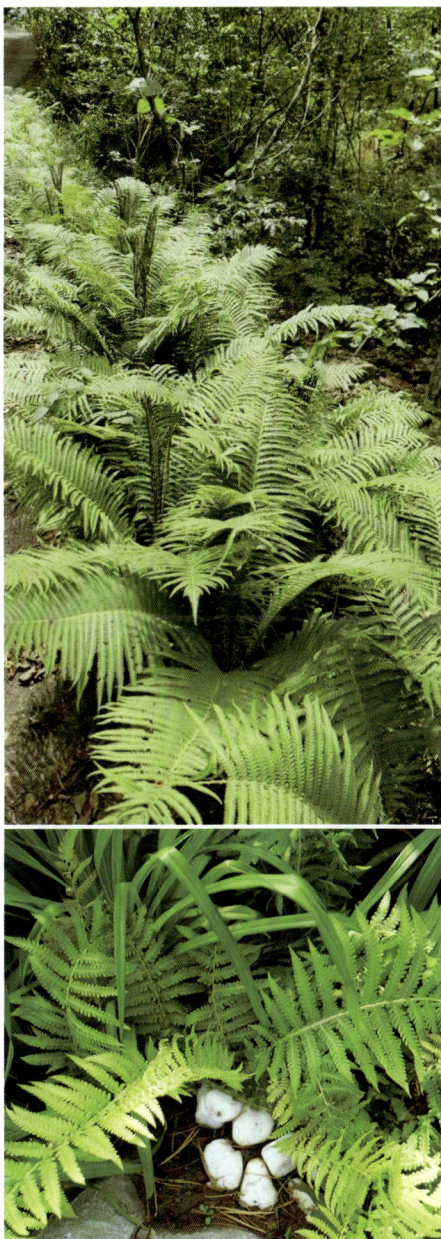

# 158. 姜花

*Hedychium coronarium* Koen.

**科属：** 姜科姜属

**形态特征：** 多年生草本。叶片长圆状披针形或披针形，顶端长渐尖。穗状花序顶生，椭圆形，花芬芳，白色。花期 8 ～ 12 月份。

**生长习性：** 喜高温、高湿、半荫蔽环境。

**药用功效：** 根状茎入药，祛风除湿、温中散寒。

**观赏价值及园林用途：** 具秀气的外形以及独特的清香，是天然的空气清新剂。可用于盆栽和切花，也可配植于园林。

**食用方法：** 花瓣与芽都是绝佳的野菜，另外，新鲜花瓣可制茶。

药赏食兼用植物图鉴230种

# 159. 接骨草

*Sambucus javanica* Blume

**科属：** 五福花科接骨木属

**形态特征：** 高大草本或半灌木，茎有棱条，髓部白色。羽状复叶的托叶叶状或有时退化成蓝色的腺体，小叶互生或对生，狭卵形。复伞形花序顶生，大而疏散，花冠白色，花药黄色或紫色。果实红色，近圆形。花期4～5月份，果熟期8～9月份。

**生长习性：** 喜较凉爽和湿润的气候，耐寒。

**药用功效：** 全草入药，去风湿、通经活血、解毒消炎。

**观赏价值及园林用途：** 花小但数量很多，秋季可结出晶莹剔透的红色浆果，是较好的观花观果植物，因其为湿地植物，一般用作城市、河湖边绿化带的地被植物。

**食用方法：** 嫩茎叶可以用来做汤。

# 160. 金盏花

*Calendula officinalis* Hohen.

**科属：** 菊科金盏花属

**形态特征：** 一年生草本。通常自茎基部分枝，绿色或部分被腺状柔毛。基生叶长圆状倒卵形或匙形，全缘或具疏细齿，具柄，茎生叶长圆状倒卵形，无柄。头状花序单生于茎枝端，小花黄或橙黄色，瘦果全部弯曲，淡黄色或淡褐色，外层瘦果多内弯，外面常具小针刺。花期4～9月份，果期6～10月份。

**生长习性：** 喜生长于温和、凉爽的气候，怕热、耐寒。

**药用功效：** 全草入药，清热解毒、活血调经。

**观赏价值及园林用途：** 叶片青翠，花色雍容华贵，花期长久，因而经常被作为景观草本花卉栽培，远望去一片金黄，非常壮观；植株矮小，花姿优雅，色彩娇艳，因而也常被家庭栽培。

**食用方法：** 鲜花可以放沙拉生吃，也可以晒干泡茶。

# 161. 锦葵

*Malva cathayensis* M. G. Gilbert, Y. Tang & Dorr

**科属：**锦葵科锦葵属

**形态特征：**二年生或多年生直立草本。叶圆心形或肾形，两面均无毛或仅脉上疏被短糙伏毛。花簇生，紫红色或白色。果扁圆形，种子黑褐色，肾形。花期5～10月份。

**生长习性：**喜光，耐寒，喜冷凉，能自播，不择土壤。

**药用功效：**花、叶和茎入药，利尿通便、清热解毒。

**观赏价值及园林用途：**花大艳丽，花期长，叶色浓绿，多用于花境造景，种植在庭院边角等地。

**食用方法：**国外常常将其鲜嫩叶子洗净晒干后，磨成粉，和羊肉、鸡肉一起炖汤。国内常晒干制成香茶泡水喝。

# 162. 荆芥

*Nepeta cataria* L.

**科属：** 唇形科荆芥属

**形态特征：** 多年生草本植物。茎基部木质化，多分枝，基部近四棱形，上部钝四棱形，具浅槽，被白色短柔毛。叶卵状至三角状心脏形，先端钝至锐尖，基部心形至截形，草质，上面黄绿色。花序为聚伞状，花冠白色，下唇有紫点。花期7～9月份，果期9～10月份。

**生长习性：** 适应性较强，喜欢温暖潮湿、阳光充足的生长环境。

**药用功效：** 地上部位入药，解表散风、透疹。

**观赏价值及园林用途：** 芳香植物，花淡雅，适宜作为地被植物，也可以用于布置庭院的花境，或着点缀岩石园。

**食用方法：** 新鲜嫩茎叶洗干净可直接凉拌食用，作调味品或作汤，清香可口。

# 163. 桔梗

*Platycodon grandiflorus* (Jacq.) A. DC.

**科属：** 桔梗科桔梗属

**形态特征：** 多年生草本。茎高 20 ～ 120cm，通常无毛，偶密被短毛，不分枝，极少上部分枝。叶全部轮生，部分轮生至全部互生，无柄或有极短的柄，叶片卵形，卵状椭圆形至披针形。花单朵顶生，或数朵集成假总状花序，或有花序分枝而集成圆锥花序，蓝色或紫色。花期 7 ～ 9 月份。

**生长习性：** 喜温暖、喜光，耐寒、怕水涝、忌大风。

**药用功效：** 根药用，宣肺、利咽、祛痰、排脓。

**观赏价值及园林用途：** 花期长，颜色鲜艳，具有极高的观赏价值，适宜作盆栽花或花坛地植。

**食用方法：** 干或鲜根茎切片煲汤，加入汤水与肉类搭配。鲜嫩叶还可以炒成蔬菜，凉拌，泡茶或腌制成咸菜。

# 164. 菊花

*Chrysanthemum morifolium* Ramat.

**科属：** 菊科菊属

**形态特征：** 多年生草本。茎直立，分枝或不分枝，被柔毛。叶卵形至披针形，羽状浅裂或半裂，有短柄，叶下面被白色短柔毛。头状花序，大小不一。总苞片多层，外层外面被柔毛。舌状花颜色各种。管状花黄色。花期9～11月份。

**生长习性：** 喜凉，耐寒，喜阳光充足。

**药用功效：** 头状花序入药，散风清热、平肝明目。

**观赏价值及园林用途：** 傲霜而立，凌寒不凋，花姿飘逸，淡意疏容，晚香凝美，是金秋时节赏心悦目的上等装饰品，可用于公园、花坛、花境、居室、窗台、会场。

**食用方法：** 食用价值很高。菊花能够当药还可以入菜。像菊花四季豆、菊花馍馍、菊花酥、菊花豆油皮、两色菊花卷、菊花糕、糖醋菊花鱼等都是菊花入食的经典。菊花还能和许多食物或者中药材一起制成菊花茶、菊花酒来食用。

# 165. 菊花脑

*Chrysanthemum indicum* 'Nankingense'

**科属：** 菊科菊属

**形态特征：** 多年生草本植物，有地下长或短匍匐茎。茎直立，半木质化。叶片宽大，卵圆形，互生。头状花序，多数在茎枝顶端排成疏松的伞房圆锥花序或少数在茎顶排成伞房花序，黄色小花。花期6～11月份。

**生长习性：** 适应性强，耐寒，忌高温、耐贫瘠和干旱，忌涝。

**药用功效：** 嫩茎叶入药，清热解毒。

**观赏价值及园林用途：** 花色热烈，花姿优美，具有很高的观赏价值，可用于庭院、公园、街道等处的绿化和景观布置。

**食用方法：** 鲜嫩茎叶可以炒食、凉拌或煮汤。

# 166. 菊苣

*Cichorium intybus* L

**科属：** 菊科菊苣属

**形态特征：** 多年生草本。基生叶莲座状，倒披针状长椭圆形，茎生叶卵状倒披针形至披针形。叶质薄，两面疏披长节毛，无柄。头状花序单生或集生于茎枝端，或排成穗状花序。舌状小花蓝色。瘦果倒卵状、椭圆状或倒楔形。花果期 5 ~ 10 月份。

**生长习性：** 耐寒，耐旱，喜生于阳光充足的田边、山坡等地。

**药用功效：** 全草入药，清肝利胆、健胃消食、利尿消肿。

**观赏价值及园林用途：** 菊苣肉质根非常发达，植株茂盛，四季常绿，花期长，蓝色花朵美丽壮观，是上等的蜜源植物和优良的观赏植物，同时具有较强的固土护坡与水土保持作用。园林中可作野趣园材料或疏林杂植。

**食用方法：** 根烘烤磨碎后加入咖啡做增香剂或代用品；根煮熟后可涂上奶油食用，鲜嫩叶可作沙拉、炒食或炖煮。

# 167.菊芋

*Helianthus tuberosus* Parry

**科属：**菊科向日葵属

**形态特征：**多年生草本，有块状的地下茎及纤维状根。茎直立，有分枝，被白色短糙毛或刚毛。叶通常对生，有叶柄，但上部叶互生；下部叶卵圆形或卵状椭圆形。头状花序较大，花黄色。瘦果小，楔形。花期8～9月份。

**生长习性：**耐寒抗旱，耐瘠薄，对土壤要求不严。

**药用功效：**块根、茎、叶入药，清热凉血、接骨。

**观赏价值及园林用途：**花朵颜色为明亮的黄色，给人一种阳光和积极向上的感觉，花期长，在园林中可以作为遮挡植物，适合营造野趣的氛围。

**食用方法：**地下块茎可以食用，鲜块茎煮食、熬粥、腌制咸菜、晒制菊芋干或作制取淀粉和酒精原料。

# 168. 决明

*Senna tora* (Linnaeus) Roxburgh

**科属**：豆科决明属

**形态特征**：直立，粗壮，一年生亚灌木状草本。叶轴上每对小叶间有棒状的腺体 1 枚；小叶膜质，倒卵形或倒卵状长椭圆形。花腋生，通常 2 朵聚生，花瓣黄色。荚果纤细，近四棱形，两端渐尖，膜质。花果期 8 ～ 11 月份。

**生长习性**：喜高温、湿润气候。适宜于沙质壤土、腐殖质土或肥分中等的土中生长。

**药用功效**：种子入药，清肝明目、利水通便。

**观赏价值及园林用途**：黄花灿烂，鲜艳夺目，是粗放的草本花卉和传统的药用花卉，在园林中最宜群植，装饰林缘，或作为低矮花卉的背景材料。

**食用方法**：鲜嫩茎叶嫩果作为野菜食用，种子可用于泡茶，和各种食材组合，冲制成饮品。

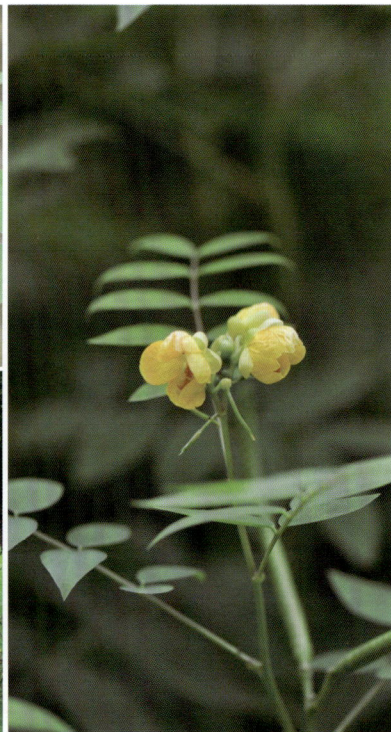

# 169. 宽叶韭

*Allium hookeri* Thwaites

**科属：** 百合科葱属

**形态特征：** 多年生草本。鳞茎聚生，叶条形至宽条形，稀为倒披针状条形，比花葶短或近等长。花葶侧生，圆柱状，或略呈三棱柱状，伞形花序近球状，花白色，星芒状开展。花果期8～9月份。

**生长习性：** 适宜冷凉湿润气候，生长于海拔1500～4000m的湿润山坡或林下。

**药用功效：** 叶入药，补肾、温中行气、散瘀、解毒。

**观赏价值及园林用途：** 叶片翠绿而宽长，一朵朵小白花簇拥成小花球，纯真可爱，适合作地被观赏植物。

**食用方法：** 幼苗嫩叶、嫩花葶和根均作蔬菜食用，幼苗嫩叶和嫩花葶可炒食、炖汤、煮食、蒸食、做馅或蘸酱。根可煮食、炒食或做盐渍腌菜。

# 170. 狼尾花

*Lysimachia barystachys* Bunge

**科属：** 报春花科珍珠菜属

**形态特征：** 多年生草本。叶互生或近对生，长圆状披针形、倒披针形以至线形。总状花序顶生，花密集，常转向一侧。蒴果球形。花期5～8月份；果期8～10月份。

**生长习性：** 喜温暖，常生长于山坡林下及路旁。

**药用功效：** 全草入药，活血调经、散瘀消肿、解毒生肌、利水。

**观赏价值及园林用途：** 花序形状别致，花朵密集精巧，可作切花装饰花篮、花环、瓶插。

**食用方法：** 嫩苗焯水后可以作为野菜食用，凉拌、炒食或做汤。

# 171.莲

*Nelumbo nucifera* Gaertn.

**科属：** 莲科莲属

**形态特征：** 多年生水生草本。根状茎横生，肥厚，节长。叶圆形盾状，中空，常具刺。花单生于花葶顶端，花瓣红色、粉红色或白色。坚果椭圆形或卵形。花期6～8月份，果期8～10月份。

**生长习性：** 喜阳光充足、温暖潮湿、通风良好的环境。

**药用功效：** 叶、叶柄、花托、花、雄蕊、果实、种子及根状茎均入药。莲子心：清心火；果实：健脾止泻；花托：消瘀止血；雄蕊：固肾涩精；荷叶：升清降浊、清暑解热；叶柄：消暑、宽中理气；花蕾：祛湿止血；根状茎：凉血散瘀、止渴除烦；藕节：消瘀止血。

**观赏价值及园林用途：** 以清新脱俗而著称，花盛开时，将水面点缀得壮观秀丽，是布置水景不可多得的重要花卉。

**食用方法：** 莲藕是优良的蔬菜和蜜饯果品。莲叶、莲花、莲蕊等也都是人们喜爱的药膳食品。莲子也是高级滋补营养品。

# 172. 留兰香

*Mentha spicata* L.

**科属：** 唇形科薄荷属

**形态特征：** 多年生草本。茎直立，高40～130cm，钝四棱形，具槽及条纹，不育枝仅贴地生。叶卵状长圆形或长圆状披针形，边缘具尖锐而不规则的锯齿，草质，上面绿色，下面灰绿色。轮伞花序生于茎及分枝顶端，间断但向上密集的圆柱形穗状花序，花萼钟形，花冠淡紫色。花期7～9月份。

**生长习性：** 适应性强，喜温暖、湿润气候。

**药用功效：** 全草入药，和中、理气。

**观赏价值及园林用途：** 花期长，花朵小而繁多，花色清新淡雅，适合在城市道路进行种植，能起到绿化和美化作用。

**食用方法：** 嫩枝、叶常作为调味剂、香料、饮品。做肉、鱼、海鲜等不同口味的菜肴时，加几片鲜叶，可去膻味、腥味，并散发出独特的清香味。鲜嫩叶子可作为蔬菜，凉拌、炒吃。

# 173. 龙牙草

*Agrimonia pilosa* Ldb.

**科属：** 蔷薇科龙牙草属

**形态特征：** 多年生草本。叶为间断奇数羽状复叶，小叶倒卵形、倒卵椭圆形或倒卵披针形。花序穗状总状顶生，花瓣黄色。果实倒卵圆锥形，顶端有数层钩刺，幼时直立，成熟时靠合。花果期 5 ~ 12 月份。

**生长习性：** 喜温暖湿润的气候，耐热，耐寒。

**药用功效：** 全草入药，止血、强心、强壮、止痢、消炎。

**观赏价值及园林用途：** 生命力很顽强，溪谷边、灌木丛、林下均可见到它的身影。到了夏天，穗状的花序逐渐开放，金黄色的花瓣精致可爱，是夏日山野中常见的一道风景。

**食用方法：** 鲜幼苗及嫩茎叶洗净，用沸水焯熟，再放入凉水中反复漂洗，去除苦涩味后炒食、凉拌或蘸酱食。

# 174. 耧斗菜

*Aquilegia viridiflora* Pall.

**科属：**毛茛科耧斗菜属

**形态特征：**多年生草本。基生叶少数，二回三出复叶；茎生叶数枚，为一至二回三出复叶，向上渐变小。花倾斜或微下垂，花瓣黄绿色。蓇葖果，种子具微凸起的纵棱。5～7月份开花，7～8月份结果。

**生长习性：**喜凉爽气候，忌夏季高温曝晒，性强健而耐寒，喜富含腐殖质、湿润而排水良好的沙质壤土。

**药用功效：**全草入药，活血调经、凉血止血、清热解毒。

**观赏价值及园林用途：**叶片奇特，花姿优雅，花色明亮，可以成片栽种于溪边、洼地、草坪、庭院四周，常布置花境、花坛或者岩石园，也可用作切花。

**食用方法：**叶子洗净烫熟后可食用，可凉拌，也可清炒。

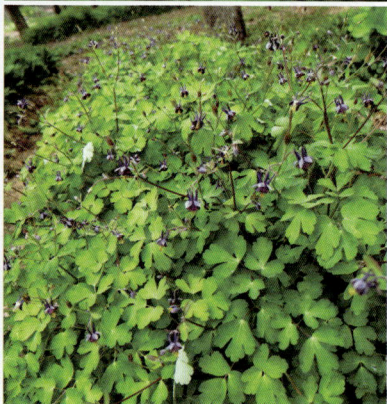

# 175.芦荟

*Aloe vera* (L.) Burm. f.

**科属**：阿福花科芦荟属

**形态特征**：多年生草本。茎较短。叶近簇生或稍二列（幼小植株），肥厚多汁，条状披针形，粉绿色。总状花序具几十朵花，苞片近披针形，稀疏排列，淡黄色，有红斑，蒴果。花果期7～9月份。

**生长习性**：喜温暖，耐高温，不耐寒，忌积水。

**药用功效**：汁液浓缩干燥物、根、花、叶入药。汁液浓缩干燥物：泻清肝、杀虫；根：清热利湿、化瘀；花：清肺止咳、凉血止血，清热利湿。叶：泻火、解毒、化瘀、杀虫。

**观赏价值及园林用途**：叶大美观，花整齐有序，可植于具沙质土壤的路边、山石边或墙边观赏，也多用于多浆植物区与其他多肉植物配植。

**食用方法**：生食：割取新鲜叶片，洗净后，削去叶缘齿刺，连皮吃或削去皮吃，或榨汁、泡酒、做甜点、制茶等，也可以鲜芦荟片代生鱼片蘸酱油、芥末食用。鲜芦荟叶或芦荟胶冻还可作蔬菜使用。如用于甜食、凉拌面的调料、汤菜、沙拉、炸菜、炒菜、炖菜等。

# 176.芦苇

*Phragmites australis* (Cav.) Trin. ex Steud.

**科属：** 禾本科芦苇属

**形态特征：** 多年生草本，根状茎十分发达。秆直立，节下被蜡粉，叶片披针状线形。圆锥花序大型，着生稠密下垂的小穗，颖果长圆形。花果期7～9月份。

**生长习性：** 喜光，耐寒，耐酷热。多生长于池沼、河岸、河溪边等多水地区。

**药用功效：** 根茎入药，清热生津、除烦止渴、止呕、泻胃火、利二便。

**观赏价值及园林用途：** 茎秆直立，植株高大，迎风摇曳，野趣横生。种在公园的湖边，开花季节特别美观。

**食用方法：** 新芦苇根或干芦苇根都用可以用来煮粥或熬汤，例如芦苇根绿豆汤、芦苇根麦冬饮、芦苇根青皮粳米粥、芦苇根荸荠雪梨饮等。

# 177.芦竹

*Arundo donax* L.

**科属：** 禾本科芦竹属

**形态特征：** 多年生草本，具发达根状茎。秆粗大直立，叶鞘长于节间，叶片扁平，上面与边缘微粗糙，抱茎。圆锥花序极大型，分枝稠密，斜升。颖果细小黑色。花果期9～12月份。

**生长习性：** 喜温暖，喜水湿，耐寒性不强。

**药用功效：** 根状茎及嫩笋芽入药，清热泻火。

**观赏价值及园林用途：** 植株刚劲挺拔，气势雄伟、壮观，是园林中常见的水生观赏草。用于水景园林背景材料，常种植于浅水区、水岸边或围墙下。

**食用方法：** 食用部位为芦竹的嫩芽。春季可采摘嫩芽，去杂洗净，用沸水浸烫一下，换冷水浸泡漂洗去除苦涩味，可凉拌、炖汤、炒食、煮食、蘸酱。

# 178. 轮叶黄精

*Polygonatum verticillatum* (L.) All.

**科属：** 天门冬科黄精属

**形态特征：** 根状茎草本植物。根状茎的"节间"一头粗，一头较细，粗的一头有短分枝，少有根状茎为连珠状。叶通常为 3 叶轮生，或间有少数对生或互生的，少有全株为对生的，矩圆状披针形至条状披针形或条形，先端尖至渐尖。花单朵或 2～(3～4) 朵成花序，花被淡黄色或淡紫色。浆果红色，具 6～12 颗种子。花期 5～6 月份，果期 8～10 月份。

**生长习性：** 喜欢阴湿气候条件，喜阴、耐寒、怕干旱，在干燥地区生长不良，在湿润荫蔽的环境下植株生长良好。

**药用功效：** 根状茎入药，补气养阴、健脾、润肺、益肾。

**观赏价值及园林用途：** 常生阴湿之地，适宜盆栽观赏。

**食用方法：** 根可用来泡酒，煮粥，炖鸡、鸭、鱼、猪肉，连汤带肉一起吃。

# 179. 罗勒

*Ocimum basilicum* L.

**科属：** 唇形科罗勒属

**形态特征：** 一年生草本，具圆锥形主根及自其上生出的密集须根。叶卵圆形至卵圆状长圆形，下面具腺点。总状花序顶生于茎、枝上，各部均被微柔毛，由多数具6花交互对生的轮伞花序组成，下部的轮伞花序远离，上部轮伞花序靠近。花冠淡紫色，或上唇白色、下唇紫红色，伸出花萼。小坚果卵珠形，黑褐色，有具腺的穴陷，基部有1白色果脐。花期通常7～9月份，果期9～12月份。

**生长习性：** 喜温暖湿润的生长环境，耐热但不耐寒，耐干旱，不耐涝，对土壤要求不严格。

**药用功效：** 全草入药，疏风解表、化湿和中、行气活血、解毒消肿。

**观赏价值及园林用途：** 叶和花香气袭人，株形美观，可用于园林栽培。

**食用方法：** 幼茎叶有香气，可作为芳香蔬菜在色拉和肉的料理中使用。摘鲜嫩叶泡茶可去暑去湿，食用的部分主要是叶子。可以做菜、熬汤，还可以用作调料、酱料、泡茶，将罗勒和薄荷、薰衣草、柠檬、马郁兰和马鞭草混合，可以调制花草茶，具有解压的功效。

# 180.落葵

*Basella alba* L.

**科属：** 落葵科落葵属

**形态特征：** 一年生缠绕草本。茎长可达数米，无毛，肉质，绿色或略带紫红色。叶片卵形或近圆形，顶端渐尖，基部微心形或圆形，下延成柄，全缘，背面叶脉微凸起；叶柄上有凹槽。穗状花序腋生，花被片淡红色或淡紫色。果实球形，红色至深红色或黑色。花期5～9月份，果期7～10月份。

**生长习性：** 喜温暖气候，耐热及耐湿性较强，不耐寒，一般生长在疏松肥沃的沙壤土。

**药用功效：** 全草入药，滑肠通便、清热利湿、凉血解毒、活血。

**观赏价值及园林用途：** 花红、茎紫、叶碧绿十分优美，适合庭院、阳台、篱笆等种植。

**食用方法：** 鲜嫩茎叶、幼苗均可食用，热炒、烫食、凉拌均可，与豆腐或鸡蛋煮汤，再配以虾仁，所做汤菜色、香、味俱全。

# 181.马鞭草

*Verbena officinalis* L.

**科属：**马鞭草科马鞭草属

**形态特征：**多年生草本。茎四方形，节和棱上有硬毛。叶片卵圆形至倒卵形或长圆状披针形。穗状花序顶生和腋生，花小。穗状果序，小坚果长圆形。花期6～8月份，果期7～10月份。

**生长习性：**喜肥、喜湿润的环境，生长于路边、山坡、溪边或林旁。

**药用功效：**全草入药，凉血、散瘀、通经、清热、解毒、止痒、驱虫、消胀。

**观赏价值及园林用途：**花期长，花色淡雅优美，可以营造出紫色的花海，常被用于疏林下、植物园和别墅区的景观布置。

**食用方法：**取适量干燥的马鞭草，加入沸水中浸泡5～10min，即可饮用。此茶非常适合夏季饮用。马鞭草常常被用于调养身体，炖汤煮粥是传统的马鞭草食用方式。

# 182. 马齿苋

*Portulaca oleracea* L

**科属：** 马齿苋科马齿苋属

**形态特征：** 一年生草本植物，全株无毛；茎平卧或斜倚，伏地铺散，多分枝，圆柱形。茎紫红色。叶互生，有时近对生，叶片扁平，肥厚，倒卵形，似马齿状，顶端圆钝或平截，有时微凹，基部楔形，全缘，上面暗绿色，下面淡绿色或带暗红色，中脉微隆起；叶柄粗短。花无梗，午时盛开；花瓣5，稀4，黄色。蒴果卵球形。花期5～8月份，果期6～9月份。

**生长习性：** 性喜高湿，耐旱、耐涝，具向阳性，生存力极强；喜肥沃土壤。

**药用功效：** 全草入药，清热利湿、解毒消肿、消炎、止渴、利尿。

**观赏价值及园林用途：** 株形奇特，生长迅速，适合坡地绿化。

**食用方法：** 马齿苋嫩茎叶焯水后凉拌或炒食，也可晒干腌制食用等。

# 183.毛酸浆

*Physalis philadelphica* Lam.

**科属**：茄科洋酸浆属

**形态特征**：一年生草本。茎生柔毛，常多分枝，分枝毛较密。叶阔卵形，顶端急尖，基部歪斜心形，边缘通常有不等大的尖牙齿，两面疏生毛但脉上毛较密。花单独腋生，花梗密生短柔毛。花萼钟状，密生柔毛，5 中裂，裂片披针形，急尖，边缘有缘毛；花冠淡黄色，喉部具紫色斑纹。果萼卵状，具 5 棱角和 10 纵肋，顶端萼齿闭合，基部稍凹陷；浆果球状，黄色或有时带紫色。花果期 5～11 月份。

**生长习性**：喜阳光充足，半阴之地宜能生长，疏松、排水良好的有机质土壤，生长势强。

**药用功效**：带萼果实入药，清热解毒、利尿止血。

**观赏价值及园林用途**：可用于公园、花园、草地边缘、道路旁、小区旁的绿化栽植，也可用于布置花境。

**食用方法**：果实成熟后可以直接食用，口味酸甜。也可糖渍、醋渍或作果浆。

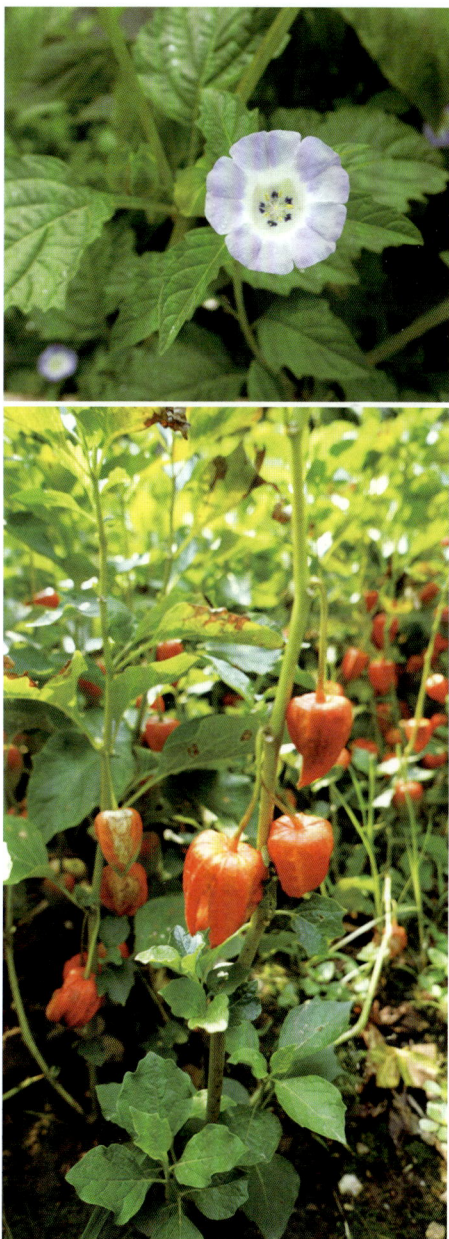

# 184. 柠檬草

*Cymbopogon citratus* (D. C.) Stapf

**科属：** 禾本科香茅属

**形态特征：** 多年生密丛型具香味草本。秆粗壮，节下被白色蜡粉。叶鞘无毛，不向外反卷，内面浅绿色；叶舌质厚。伪圆锥花序具多次复合分枝，疏散，分枝细长。第一颖背部扁平或下凹成槽，无脉，上部具窄翼；第二外稃狭小。花果期夏季。

**生长习性：** 喜温暖湿润环境，不耐寒，喜光照充足，对土壤的要求不高，但以排水良好的沙质壤土为好。

**药用功效：** 全草入药，祛风通络、温中止痛、止泻。

**观赏价值及园林用途：** 香气清新宜人，一般用作室内绿植景观。

**食用方法：** 常见的吃法就是用柠檬草来泡水喝，也可以打碎后作调料，或者和其他香料一起混合腌制肉类、海鲜等，由此为食物增加香味，常应用于海南鸡饭、泰式冬阴功汤等东南亚菜式。

# 185.牛至

*Origanum vulgare* L.

**科属：** 唇形科牛至属

**形态特征：** 多年生草本或半灌木。叶片卵圆形或长圆状卵圆形，上面亮绿色，常带紫晕两面披腺点。花序呈伞房状圆锥花序，开张，多花密集，由多数长圆状小穗状花序所组成，花冠紫红、淡红至白色，管状钟形。小坚果卵圆形。花期 7 ～ 9 月份，果期 10 ～ 12 月份。

**生长习性：** 喜温暖湿润气候，适应性较强。

**药用功效：** 全草入药，解表、理气、清暑、利湿。

**观赏价值及园林用途：** 叶形讨喜，花朵颜色渐变，如同成串的玫瑰花，时刻散发出清香，花期长，常用作地被、花境植物或盆栽观赏。

**食用方法：** 作为基本香料，供烹煮及烘烤肉类、肉饼、馅饼、炖菜类、瓦蒸锅类、鱼类、海鲜、蔬菜、色拉、面包、蛋类餐食等。

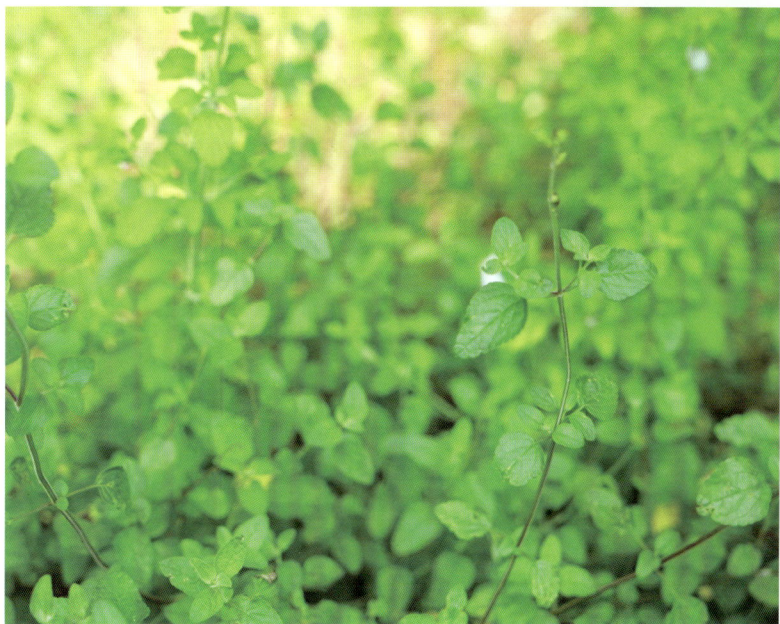

# 186. 欧菱

*Trapa natans* L.

**科属：** 菱科菱属

**形态特征：** 一年生浮水水生草本植物。根二型：着泥根细铁丝状，生水底泥中；同化根，羽状细裂，裂片丝状，绿褐色。叶二型：浮水叶互生，聚生于主茎和分枝茎顶端，形成莲座状菱盘；沉水叶小，早落。花小，单生于叶腋，两性，花白色。果三角状菱形，具4刺角。

**生长习性：** 生长在温带气候的湿泥地中，如池塘、沼泽地。

**药用功效：** 果肉入药，健脾益胃、除烦止渴、解毒。

**观赏价值及园林用途：** 叶片菱形、规整，白花朵朵，是很漂亮的水面装饰水草。

**食用方法：** 果肉可食：幼嫩时可当水果生食，老熟果可熟食或加工制成菱粉。嫩茎可作菜蔬，做成包子馅或菱秧丸子等。

# 187.蒲公英

*Taraxacum mongolicum* Hand.～Mazz.

**科属：** 菊科蒲公英属

**形态特征：** 多年生草本。叶倒卵状披针形、倒披针形或长圆状披针形，边缘有时具波状齿或羽状深裂。花葶上部紫红色，密被蛛丝状白色长柔毛。头状花序，舌状花黄色，花药和柱头暗绿色。瘦果倒卵状披针形。花期4～9月份，果期5～10月份。

**生长习性：** 广泛生长于中、低海拔地区的山坡草地、路边、田野、河滩。

**药用功效：** 全草入药，清热解毒、消肿散结。

**观赏价值及园林用途：** 返青早、枯黄晚，春秋两季开花，花朵丰腴、花色鲜艳，果序绒球轻盈可爱，可作地被种植或作盆景栽培。

**食用方法：** 新鲜的或者是晒干的蒲公英，都可泡茶泡水。新鲜蒲公英可以凉拌（需沸水焯熟）、清炒、做馅。

# 188. 千里光

*Senecio scandens* Buch.-Ham. ex D. Don

**科属：** 菊科千里光属

**形态特征：** 多年生攀援草本。叶具柄，叶片卵状披针形至长三角形。头状花序有舌状花，在茎枝端排列成顶生复聚伞圆锥花序，花冠黄色。瘦果圆柱形，被柔毛。花期8月至翌年4月份。

**生长习性：** 生长于山坡、疏林下、林边、路旁。适应性较强，耐干旱，又耐潮湿。

**药用功效：** 地上部分入药，清热解毒、明目、利湿。

**观赏价值及园林用途：** 开花酷似菊花，花量大，适宜庭院棚架栽培观赏，亦可用于公园立体美化。

**食用方法：** 鲜嫩叶可食用，一般用来摊饼。

# 189.芡实

*Euryaleferox*Salisb. ex K. D. Koenig & Sims

**科属**：睡莲科芡属

**形态特征**：一年生大型水生草本。沉水叶箭形或椭圆肾形，两面无刺；浮水叶革质，椭圆肾形至圆形，两面在叶脉分枝处有锐刺；叶柄及花梗皆有硬刺。花单生，紫红色，数轮排列。浆果球形，暗紫红色，密披硬刺。花期7～8月份，果期8～9月份。

**生长习性**：喜温暖、阳光充足，不耐寒也不耐旱。生长在池塘、湖沼中。

**药用功效**：种仁入药，益肾固精、补脾止泻、除湿止带。

**观赏价值及园林用途**：叶大肥厚，浓绿皱褶，花色明丽，形状奇特，与荷花、睡莲等水生花卉植物搭配种植、摆放，形成独具一格的观赏效果。

**食用方法**：种子含淀粉，供食用（煮粥、煲汤）、酿酒及制副食品用。

# 190.青葙

*Celosia argentea* L.

**科属：**苋科青葙属

**形态特征：**一年生草本，无毛。叶片矩圆披针形、披针形或披针状条形，绿色常带红色，具小芒尖。塔状或圆柱状穗状花序不分枝，花被初为白色顶端带红色，或全部粉红色，后成白色。胞果卵形，包裹在宿存花被片内。花期5～8月份，果期6～10月份。

**生长习性：**喜温暖，耐热不耐寒。生长于平原、田边、丘陵、山坡。

**药用功效：**茎叶、根、种子入药，茎叶及根：燥湿清热、杀虫止痒、凉血止血；种子：热泻火、明目退翳。

**观赏价值及园林用途：**穗状花序粉红，色彩淡雅，花序可宿存经久不凋，是竖线条的植物材料。青葙适应性较强，一般土地都可生长，易于养护，观察期长，可以应用在园林花境、地被或庭院绿化中，也适合用作切花。

**食用方法：**鲜嫩苗叶及花序可食用，沸水焯熟后凉拌或炒食，其种子也可以代替芝麻制作糕点。

# 191.瞿麦

*Dianthus superbus* L.

**科属：** 石竹科石竹属

**形态特征：** 多年生草本，茎丛生，直立，绿色，无毛，上部分枝。叶片线状披针形，中脉特显，基部合生成鞘状，绿色，有时带粉绿色。花1或2朵生枝端，有时顶下腋生，花瓣边缘繸裂至中部或中部以上，通常淡红色或带紫色，稀白色。蒴果圆筒形，种子扁卵圆形，黑色。花期6～9月份，果期8～10月份。

**生长习性：** 喜阳、耐寒、耐旱、忌涝。多生于高山草甸、林缘路边、湖边等处。

**药用功效：** 全草入药，利尿通淋、活血通经、杀虫。

**观赏价值及园林用途：** 花期长，花色丰富，一般用作化境、花坛。

**食用方法：** 嫩茎叶焯水后用冷水清洗后，凉拌、炒食、煮汤，都可以。

# 192. 山芹

*Ostericum sieboldii* (Miq.) Nakai

**科属：**伞形科山芹属

**形态特征：**多年生草本。基生叶及上部叶均为二至三回三出式羽状分裂；叶片轮廓为三角形，末回裂片菱状卵形至卵状披针形。复伞形花序，花序梗、伞辐和花柄均有短糙毛，花瓣白色。果实长圆形至卵形，成熟时金黄色。花期8～9月份，果期9～10月份。

**生长习性：**喜冷凉、湿润的气候，不耐高温。

**药用功效：**根入药，祛风除湿、通痹止痛。

**观赏价值及园林用途：**叶形奇特，株形优美，是常用的花境及地被材料。

**食用方法：**鲜幼苗是春季野菜。

# 193. 芍药

*Paeonia lactiflora* Pall.

**科属：**毛茛科芍药属

**形态特征：**多年生草本。下部茎生叶为二回三出复叶，上部茎生叶为三出复叶；小叶狭卵形，椭圆形或披针形。花数朵，生于茎顶和叶腋，有时仅顶端一朵开放，花瓣白色，有时基部具深紫色斑块。蓇葖果，顶端具喙。花期5～6月份，果期8月份。

**生长习性：**喜温耐寒，有较宽的生态适应幅度。

**药用功效：**根入药，镇痛、镇痉、祛瘀、通经。

**观赏价值及园林用途：**花大艳丽，品种丰富，在园林中常成片种植，花开时十分壮观，是当前公园中或花坛上的主要花卉。或沿着小径、路旁作带形栽植，或在林地边缘栽培，更有完全以芍药构成的专类花园，称芍药园。芍药也是重要的切花材料，或插瓶，或作花篮。

**食用方法：**干或鲜花可以用来泡茶、炖汤、煮粥、做饼。

# 194. 蛇莓

*Duchesnea indica* (Andr.) Focke

**科属：** 蔷薇科蛇莓属

**形态特征：** 多年生草本，匍匐茎多数。小叶片倒卵形至菱状长圆形，托叶窄卵形至宽披针形。花单生于叶腋，花黄色。瘦果卵形。花期 6～8 月份，果期 8～10 月份。

**生长习性：** 喜荫凉、温暖湿润，耐寒、不耐旱、不耐水渍。

**药用功效：** 全草入药，清热解毒、散瘀消肿、凉血止血。

**观赏价值及园林用途：** 常绿，春季赏花，夏季观果，园林效果突出。

**食用方法：** 成熟的鲜果实作为野生水果可直接生吃。叶子沸水焯熟后可凉拌也可晒干泡茶。

# 195.石刁柏

*Asparagus officinalis* L.

**科属：** 天冬门科天冬门属

**形态特征：** 直立草本。叶状枝每 3～6 枚成簇，近扁的圆柱形，略有钝棱。花每 1～4 朵腋生，绿黄色。浆果熟时红色。花期 5～6 月份，果期 9～10 月份。

**生长习性：** 喜温暖，且耐寒、耐热性较强，适应性广。

**药用功效：** 嫩苗入药，清肺止渴，利水通淋。

**观赏价值及园林用途：** 浆果橘红色，成熟时繁星点点，衬映绿枝，可成片种植修饰花坛、路边。

**食用方法：** 鲜嫩苗可供蔬食，凉拌（沸水焯熟后）、清炒、炖煮、下火锅、做熟食皆可，亦可与鱼、肉、鸡、蛋配制成菜。

# 196. 石斛

*Dendrobium nobile* Lindl.

**科属：** 兰科石斛属

**形态特征：** 多年生草本植物。茎直立，肉质状肥厚，稍扁的圆柱形，上部多少回折状弯曲，基部明显收狭，不分枝，具多节，干后金黄色。叶革质，长圆形。总状花序从具叶或落了叶的老茎中部以上部分发出，花大，白色带淡紫色先端，有时全体淡紫红色或除唇盘上具 1 个紫红色斑块外，其余均为白色。花期 4 ～ 5 月份。

**生长习性：** 喜在温暖、潮湿、半阴半阳的环境中生长，不耐寒。

**药用功效：** 茎入药。生津益胃、滋阴清热、润肺益肾、明目强腰。

**观赏价值及园林用途：** 斛状花形独特，色彩斑斓多变，一般盆栽或用于艺术插花的创作。

**食用方法：** 茎可直接生吃（需清洗干净），还可以和五谷杂粮磨成粉吃，泡茶、煲汤、泡酒、煮粥。

# 197. 水芹

*Oenanthe javanica* (Bl.) DC.

**科属：**伞形科水芹属

**形态特征：**多年生草本。基生叶有柄，基部有叶鞘；叶片轮廓三角形，1～2回羽状分裂，末回裂片卵形至菱状披针形。复伞形花序顶生，花瓣白色，倒卵形。果实近于四角状椭圆形或筒状长圆形，分生果横剖面近于五边状的半圆形。花期6～7月份，果期8～9月份。

**生长习性：**喜湿润、肥沃土壤，耐涝及耐寒性强。一般生长于低湿地、浅水沼泽、河流岸边或水田中。

**药用功效：**全草入药，平肝、解表、透疹。

**观赏价值及园林用途：**庭院观赏植物，可布置于园林湿地和浅水处。

**食用方法：**嫩茎及叶柄鲜嫩，清香爽口，可炒食，或焯熟后凉拌，或当作香料与食品装饰物。

# 198. 菘蓝

*Isatis tinctoria* Linnaeus

**科属：**十字花科菘蓝属

**形态特征：**二年生草本。茎直立，上部多分枝。叶互生，基生叶具柄，长椭圆形至长圆状倒披针形；茎生叶半抱茎。复总状花序顶生，花瓣黄色。短角果宽楔形。花期4～5月份，果期5～6月份。

**生长习性：**适应性较强，能耐寒，喜温暖，怕水涝。

**药用功效：**根、叶入药，清热解毒、凉血消斑、利咽止痛。

**观赏价值及园林用途：**花似油菜花，但比油菜花更艳，香味更浓，花期更长，可达3个多月。黄色小花娇艳动人，药香扑鼻。

**食用方法：**食用部位是根和茎叶，洗净后可直接素炒或者煮汤，也可洗净晾干后加入食盐、辣椒粉等腌制成咸菜。

# 199.唐松草

*Thalictrum aquilegiifolium* var. *sibiricum* Regel et Tiling

**科属：** 毛茛科唐松草属

**形态特征：** 多年生草本，全株无毛。茎直立，有分枝。叶互生，基生叶在开花时枯萎；茎生叶为三至四回三出复叶。单歧聚伞花序伞房状，有多数密集的花，花白色，或淡紫色，早落，花开时，就脱落。瘦果倒卵形。花期6～8月份，果期7～9月份。

**生长习性：** 适应性强，喜阳又耐半阴。生长在林下或草甸的潮湿环境。

**药用功效：** 根茎入药，清热泻火、燥湿解毒。

**观赏价值及园林用途：** 株形优美，花优雅别致，适用于公园、庭院及游园等栽培。

**食用方法：** 鲜嫩芽、幼苗用沸水焯一下，换清水浸泡一夜，即可炒食或做汤；另外，采集叶多时，亦可扎把盐渍，一般采用二次盐渍法。

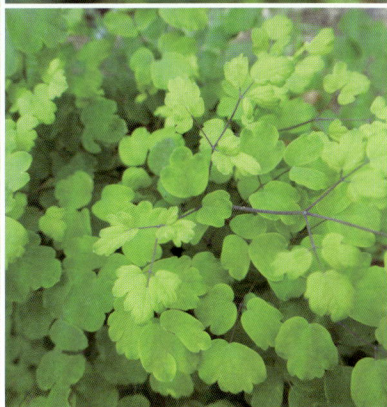

# 200. 天门冬

*Asparagus cochinchinensis* (Lour.) Merr.

**科属：**天门冬科天门冬属

**形态特征：**多年生攀援草本植物。根在中部或近末端呈纺锤状膨大。叶状枝通常每 3 枚成簇，扁平或由于中脉龙骨状而略呈锐三棱形，稍镰刀状。花通常每 2 朵腋生，淡绿色。浆果熟时红色。花期 5 ～ 6 月份，果期 8 ～ 10 月份。

**生长习性：**喜光，也可耐半阴，在温暖湿润的气候条件下生长良好，不耐严寒。

**药用功效：**块根入药，滋阴润燥、养阴生津、润肺清心、清火止咳。

**观赏价值及园林用途：**观叶观果植物。室内盆栽适宜吊挂在客厅、书房光照较好的地方，还可制成花篮、瓶插装点居室。

**食用方法：**鲜嫩叶可做菜，秋季挖取肥大块根食用，炒、煮均可，晒干的块根可用于泡酒、煮粥、熬汤。

# 201. 甜叶菊

*Stevia rebaudiana* (Bertoni) Bertoni

**科属：** 菊科甜叶菊属

**形态特征：** 多年生草本。叶倒卵形、匙状披针形或披针形，先端钝圆，基部渐窄下延，下部全缘，上部有钝圆锯齿，两面均被短毛。头状花序多数排列成疏散的伞房花序，每一头状花序含 4～6 朵花。两性花为筒状，花冠白色，5 裂，有腺毛。果实微小，略纺锤形，有肋，黑褐色、被腺毛。花期 7～10 月份，果期 9～11 月份。

**生长习性：** 对光照敏感性强的短日照植物，喜温、耐湿、怕旱。对土壤要求不严，黄壤、沙壤、草甸土等土壤均能种植。

**药用功效：** 叶入药，生津止渴。

**观赏价值及园林用途：** 花期相对较长，是一种很适合填补空间空缺的花卉。

**食用方法：** 普遍被用作矫味剂，用来矫正某些药物的异味、怪味，做片剂、丸剂、胶囊等的辅料。也用于烹饪、泡茶、制作甜点等。

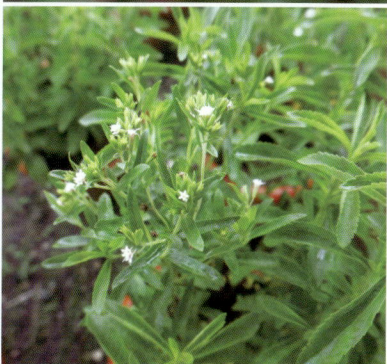

# 202.兔儿伞

*Syneilesis aconitifolia* (Bunge) Maxim.

**科属：** 菊科兔儿伞属

**形态特征：** 多年生草本。茎褐色，叶通常 2，疏生，叶片盾状圆形。头状花序多数，在茎端密集成复伞房状。瘦果圆柱形，冠毛污白色或变红色，糙毛状。花期 6 ～ 7 月份，果期 8 ～ 10 月份。

**生长习性：** 喜温暖、湿润及阳光充足的环境，耐半阴、耐寒、耐瘠。

**药用功效：** 根及全草入药，祛风湿、舒筋活血、止痛。

**观赏价值及园林用途：** 花期长，叶形奇特，是较好的观花植物和地被植物，可栽植于庭院、公园、花坛及树间，亦可切花插瓶。

**食用方法：** 春天长出的嫩叶可当蔬菜食用，也可以泡酒。

# 203. 委陵菜

*Potentilla chinensis* Ser.

**科属：** 蔷薇科委陵菜属

**形态特征：** 多年生草本。基生叶为羽状复叶，小叶片对生或互生。伞房状聚伞花序，花瓣黄色。瘦果卵球形，有明显皱纹。花果期4～10月份。

**生长习性：** 喜湿润土壤，也耐干旱瘠薄。

**药用功效：** 全草入药，清热解毒、止血、止痢。

**观赏价值及园林用途：** 花期较长，常在公园或道路两旁种植，环境装饰效果较好。

**食用方法：** 鲜嫩苗叶及根可食，嫩叶焯熟后可以凉拌、清炒。

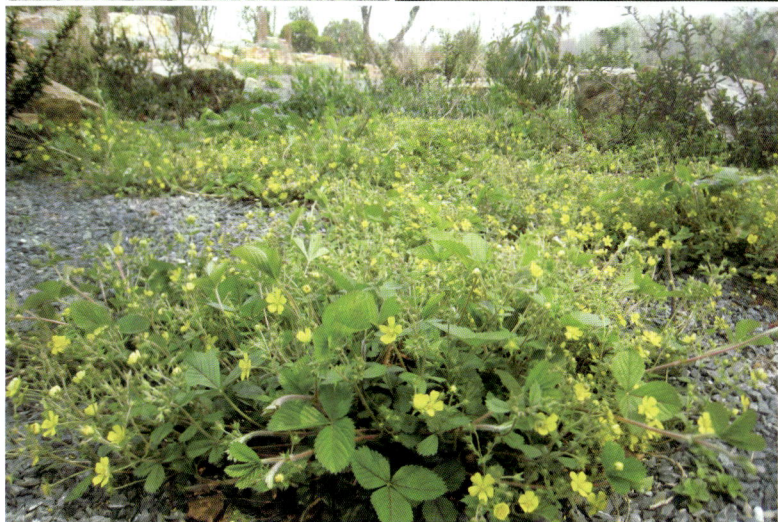

# 204. 夏枯草

*Prunella vulgaris* L.

**科属：**唇形科夏枯草属

**形态特征：**多年生草本。根茎匍匐，在节上生须根。叶卵状长圆形或卵形，先端钝，基部圆、平截或宽楔形下延，具浅波状齿或近全缘。轮伞花序密集组成顶生穗状花序，花冠紫、蓝紫或红紫色。小坚果黄褐色，长圆状卵珠形。花期4～6月份，果期7～10月份。

**生长习性：**喜温暖湿润的环境，能耐旱，适应性强。

**药用功效：**果穗入药，清肝、散结。

**观赏价值及园林用途：**可以作为观赏地被植物，冬季也保持翠绿，可以填补冬季绿化的空白。园林中适宜大片布置作地被用，也可盆栽布置花坛、庭院。

**食用方法：**新鲜茎、叶主要用来泡茶或者煲汤，也可以凉拌。

# 205. 仙茅

*Curculigo orchioides* Gaertn.

**科属：** 石蒜科仙茅属

**形态特征：** 多年生草本。叶线形、线状披针形或披针形，无柄或具短柄。总状花序稍伞房状，花黄色。浆果近纺锤状。花果期4～9月份。

**生长习性：** 喜温暖，耐荫蔽和干旱，常见于林中、草地或荒坡上。

**药用功效：** 根茎入药，温肾壮阳、祛除寒湿。

**观赏价值及园林用途：** 株形美观，耐阴性强，可室内盆栽观叶，或庭院栽培观赏。

**食用方法：** 茎、叶、花晒干后主要用来泡酒，还可以用来煮腰花或者炖排骨之类。

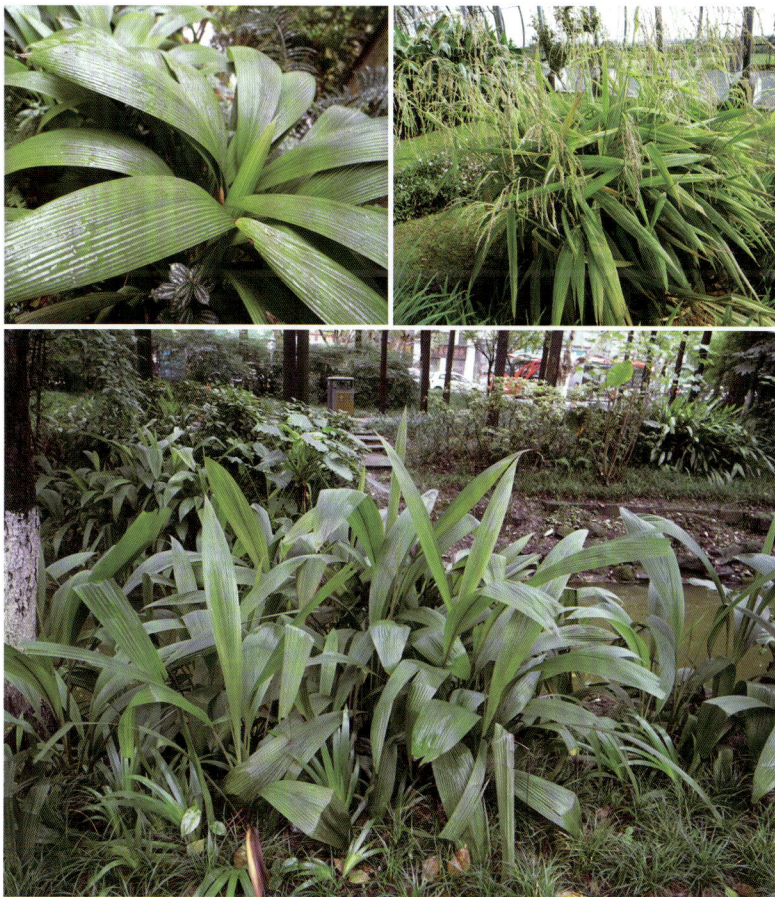

# 206. 香茶菜

*Isodon amethystoides* (Bentham) H. Hara

**科属：** 唇形科香茶菜属

**形态特征：** 多年生草本，密被平伏内弯的柔毛。叶倒卵圆形或菱状卵圆形。花萼钟形，花冠白蓝、白或淡紫色。聚伞花序腋生或顶生，组成圆锥花序。小坚果卵球形，褐黄色，被黄或白色腺点。花期6～10月份，果期9～11月份。

**生长习性：** 喜温暖湿润的环境，多生长于山坡林下、溪沟旁或路边草丛阴湿处。

**药用功效：** 全草入药，清热利湿、活血散瘀、解毒消肿。

**观赏价值及园林用途：** 株形紧凑美观，花期长，在园林美化中具有极佳的绿化效果。

**食用方法：** 嫩苗沸水焯过，换凉水浸泡后炒食、和面食搭配食用。

# 207. 香蒲

*Typha orientalis* Presl

**科属：** 香蒲科香蒲属

**形态特征：** 多年生水生或沼生草本。根状茎乳白色。叶片条形，海绵状，叶鞘抱茎。顶生蜡烛状肉穗花序，浅褐色，雌雄花序紧密连接。小坚果椭圆形至长椭圆形。花果期5～8月份。

**生长习性：** 喜温暖湿润气候及潮湿环境。

**药用功效：** 花粉入药，活血化瘀、止血镇痛。

**观赏价值及园林用途：** 叶绿穗奇，常用于点缀园林水池、湖畔，构筑水景，宜作花境、水景背景材料，也可盆栽布置庭院。香蒲一般成丛、成片生长在潮湿多水环境，通常以植物配景材料运用在水体景观设计中。

**食用方法：** 其假茎白嫩部分（即蒲菜）和地下匍匐茎尖端的幼嫩部分（即草芽）可以凉拌（须沸水焯熟后）、炒食、做馅；老熟的匍匐茎和短缩茎可以煮食。

# 208. 小花糖芥

*Erysimum cheiranthoides* L.

**科属：** 十字花科糖芥属

**形态特征：** 一年生草本。基生叶莲座状，无柄，平铺地面；茎生叶披针形或线形，边缘具深波状疏齿或近全缘。总状花序顶生，花瓣浅黄色，长圆形。长角果圆柱形，侧扁，稍有棱。花期5月份，果期6月份。

**生长习性：** 生长于山坡、山谷、路旁及村旁荒地，喜阳光，耐干旱，忌低洼积水地。

**药用功效：** 全草和种子入药，强心利尿、和胃消食。

**观赏价值及园林用途：** 花量大，花期长，可用于街道、庭院、行道等处作花境造型，或在庭院、广场用作花坛、花带栽植。

**食用方法：** 春秋采挖鲜嫩植株，沸水焯熟后可凉拌、做馅儿或是做菜饼。

# 209. 荇菜

*Nymphoides peltata* (S. G. Gmelin) Kuntze

**科属：** 龙胆科荇菜属

**形态特征：** 多年生水生草本。上部叶对生，下部叶互生，叶片飘浮，近革质，圆形或卵圆形。花常多数，簇生于节上。蒴果无柄，椭圆形。花果期4～10月份。

**生长习性：** 生长于池塘或不甚流动的河溪中。耐寒又耐热，喜静水，适应性很强。

**药用功效：** 全草入药，清热利尿、消肿解毒。

**观赏价值及园林用途：** 叶片小巧别致，花朵较多，花期长，是庭院点缀水景的选择之一。

**食用方法：** 鲜嫩茎叶沸水焯熟后凉拌、炒食、和面蒸食、腌制咸菜。

# 210. 萱草

*Hemerocallis fulva* (L.) L.

**科属：** 百合科萱草属

**形态特征：** 多年生草本。根近肉质，中下部有纺锤状膨大。叶条形。花葶粗壮，圆锥花序，花早上开晚上凋谢，无香味，橘红色至橘黄色。花果期 5 ～ 7 月份。

**生长习性：** 喜温暖、湿润的环境，耐寒，适应性比较强。

**药用功效：** 根入药，清热利尿、凉血止血。

**观赏价值及园林用途：** 花色艳丽，花姿优美，可在花坛、花境、路边、疏林、草坡或岩石园中丛植、行植或片植。亦可作切花。

**食用方法：** 新鲜花蕾沸水焯熟之后凉拌或者炒食。

# 211. 玄参

*Scrophularia ningpoensis* Hemsl.

**科属：** 玄参科玄参属

**形态特征：** 高大草本。叶在茎下部多对生而具柄，上部的叶有时互生而柄极短，叶片多变化，多为卵形，有时上部的为卵状披针形至披针形。由顶生和腋生的聚伞圆锥花序合成大圆锥花序。蒴果卵圆形。花期6～10月份，果期9～11月份。

**生长习性：** 适应性较强，喜温暖湿润气候环境，具有一定的耐寒及耐旱能力。

**药用功效：** 根入药，清热凉血、滋阴降火、解毒散结。

**观赏价值及园林用途：** 形态美观和抗逆性强，常被用于庭园中花坛的种植。

**食用方法：** 根干品泡茶或者炖汤，比如玄参炖猪肝。

# 212.旋覆花

*Inula japonica* (Miq.) Komarov

**科属：**菊科旋覆花属

**形态特征：**多年生草本。中部叶长圆形、长圆状披针形或披针形。头状花序，排列成疏散的伞房花序，舌状花黄色。瘦果，被疏短毛。花期6～10月份，果期9～11月份。

**生长习性：**喜阳光，根系发达，抗病虫，耐寒、耐干旱、耐土壤贫瘠。

**药用功效：**根、叶、花入药。根及叶。治刀伤、疔毒、平喘镇咳；花：健胃祛痰、胸中丕闷、胃部膨胀、暖气、咳嗽、呕逆。

**观赏价值及园林用途：**花朵繁密，花期长，观赏价值较高，适宜公园绿地、风景林地绿化，可植于路旁、湿地作地被用。花朵灿烂，做鲜切花也不逊色。

**食用方法：**鲜花可以用来凉拌（需沸水焯熟后）、制馅、泡茶泡酒、做汤等。

# 213.鸦葱

*Scorzonera austriaca* (Willd.) Zaika, Sukhor. & N. Kilian

**科属：**菊科鸦葱属

**形态特征：**多年生草本。茎多数，簇生，不分枝，直立，光滑无毛，茎基被稠密的棕褐色纤维状撕裂的鞘状残遗物。基生叶线形、狭线形、线状披针形、线状长椭圆形、线状披针形或长椭圆形；茎生叶少数，鳞片状，披针形或钻状披针形。头状花序单生于茎端，舌状小花黄色。花果期4～7月份。

**生长习性：**生长于海拔400～2000m的山坡、草滩及河滩地。

**药用功效：**根入药，清热解毒、消肿散结。

**观赏价值及园林用途：**花黄色，早春绽放，园林及庭院中适植于阴湿边角或林下水旁。既可观花，又可食用、药用，可谓一举数得。

**食用方法：**鲜嫩叶及花茎可做汤、炒食或用沸水焯熟后切碎加调料凉拌，也可生吃，做沙拉的配料。肉质根可鲜炒、煮、烤、煎、炸、做汤。

# 214. 鸭儿芹

*Cryptotaenia japonica* Hassk.

**科属：** 伞形科鸭儿芹属

**形态特征：** 多年生草本。茎表面有时略带淡紫色。基生叶或上部叶有柄，3 小叶，中间小叶片呈菱状倒卵形或心形。复伞形花序呈圆锥状，花白色。分生果线状长圆形，合生面略收缩。花期 4～5 月份，果期 6～10月份。

**生长习性：** 喜冷凉气候，生长于低山林边、沟边、田边湿地或沟谷草丛中。

**药用功效：** 全草入药，祛风止咳、利湿解毒、化瘀止痛。

**观赏价值及园林用途：** 花朵清新淡雅，像是一只只灵动飞舞的白色蝴蝶。叶片形态丰富，冬季观叶的花园植物。

**食用方法：** 鲜嫩茎叶可食，清炒或者搭配鸡蛋、肉末、木耳等一起炒；炖汤时可搭配肉丝、猪肝等，也可做成"色拉"菜生食。

# 215. 鸭舌草

*Monochoria vaginalis* (Burm. F.) Presl ex Kunth

**科属**：雨久花科雨久花属

**形态特征**：水生草本；根状茎极短，具柔软须根。叶基生和茎生；叶片形状和大小变化较大，由心状宽卵形、长卵形至披针形。总状花序从叶柄中部抽出，该处叶柄扩大成鞘状，花蓝色。蒴果卵形至长圆形，种子多数，椭圆形。花期8～9月份，果期9～10月份。

**生长习性**：日光充足、温暖环境，常见于稻田、沟旁、浅水池塘等水湿处。

**药用功效**：全草入药，清热解毒、行血。

**观赏价值及园林用途**：叶形独特，酷似鸭舌。夏秋开花，色浓青，可供观赏。为池塘水面的装饰材料，亦可盆栽观赏。

**食用方法**：鲜嫩茎和叶可作蔬食。焯水后单炒或配肉、配其他菜一起炒食；或开水焯水后，加调料凉拌。

# 216. 鸭跖草

*Commelina communis* L.

**科属：** 鸭跖草科鸭跖草属

**形态特征：** 一年生披散草本。叶披针形至卵状披针形。总苞片佛焰苞状，与叶对生。聚伞花序，下面一枝仅有花1朵。花梗果期弯曲，花深蓝色。蒴果椭圆形。花期5～9月份，果熟期6～11月份。

**生长习性：** 喜温暖、湿润气候，喜弱光，忌阳光曝晒，常见生于湿地。

**药用功效：** 地上部位入药，清热泻火、解毒、利水消肿。

**观赏价值及园林用途：** 宜盆栽悬挂或置高架观赏。让其枝叶沿盆四周蓬散下垂。亦可置于书橱和花架之上，下垂生长，显得潇洒自如，观赏性十足。也可用于花坛及基础种植。

**食用方法：** 鲜嫩茎叶洗净后即可炒食或煮食，也可做馅。

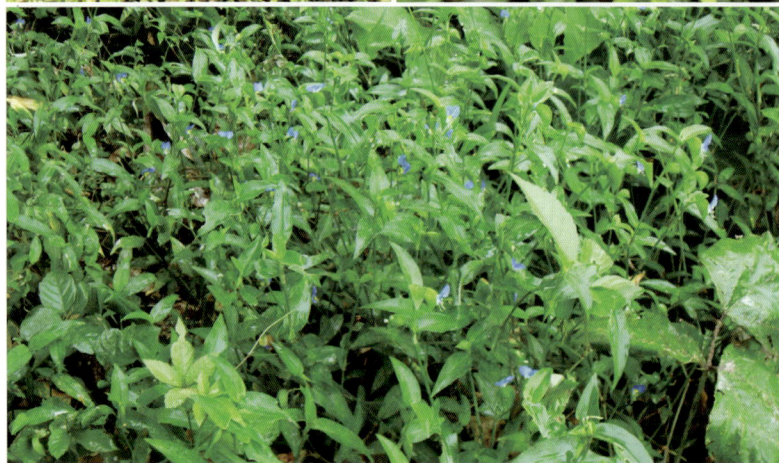

# 217. 羊乳

*Codonopsis lanceolata* (Sieb. et Zucc.) Trautv.

**科属：** 桔梗科党参属

**形态特征：** 多年生蔓生草本。叶在主茎上互生，披针形或菱状狭卵形，在小枝顶端通常簇生，而近于对生或轮生状。花单生或对生于小枝顶端，花冠阔钟状，黄绿色或乳白色内有紫色斑。蒴果下部半球状，上部有喙。花果期7～8月份。

**生长习性：** 生长于山地灌木林下沟边阴湿地区或阔叶林内。

**药用功效：** 根入药，消肿、解毒、祛痰、催乳。

**观赏价值及园林用途：** 其风铃般的花朵，纤柔的茎蔓，独具情趣，广泛运用于园林中的藤本花卉。

**食用方法：** 鲜或干的根可腌制也可炒食，嫩叶也可炒食。

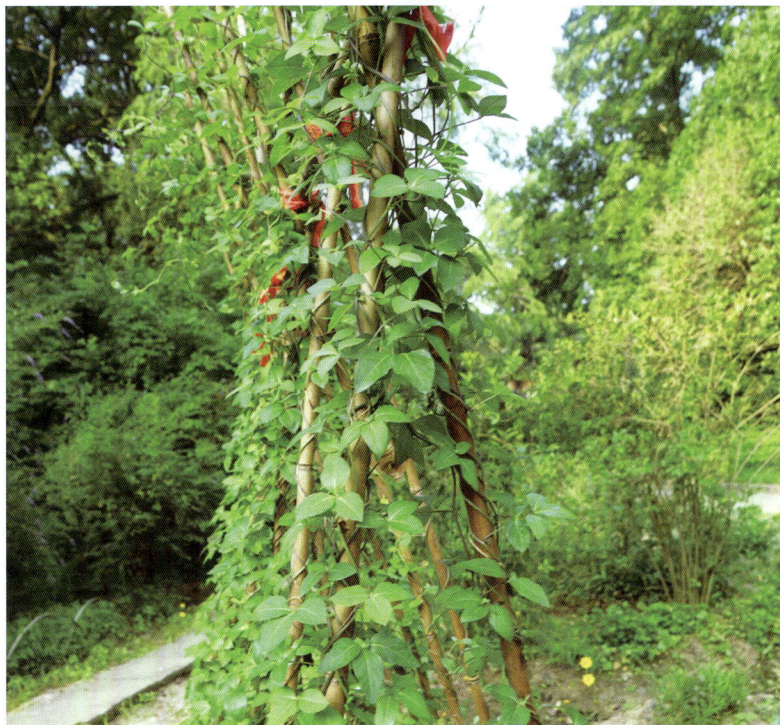

# 218. 野菊

*Chrysanthemum indicum* Linnaeus

**科属：** 菊科菊属

**形态特征：** 多年生草本，有地下长或短匍匐茎。基生叶和下部叶花期脱落，中部茎叶卵形、长卵形或椭圆状卵形。头状花序，多数在茎枝顶端排成疏松的伞房圆锥花序或少数在茎顶排成伞房花序，舌状花黄色，瘦果。花期6～11月份。

**生长习性：** 喜欢凉爽潮湿的气候，耐寒性强，对土壤要求低。

**药用功效：** 叶、花及全草入药，清热解毒、疏风散热、散瘀、明目。

**观赏价值及园林用途：** 花期比较长，花朵小巧而又密集，颜色好看，广泛用于布置花坛、花境、庭院丛植等。

**食用方法：** 采集嫩叶及嫩茎，去杂洗净后用沸水浸烫，再用清水浸洗去除苦味，用来做汤、做馅、凉拌、炒食或晒干菜。花朵可泡茶喝。

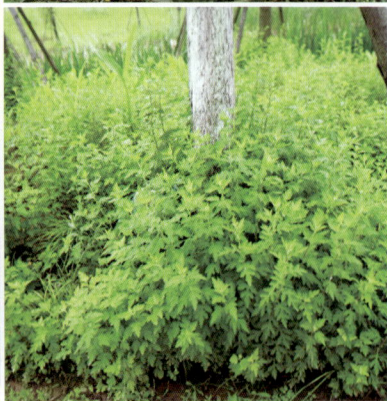

# 219. 益母草

*Leonurus japonicus* Houttuyn

**科属：** 唇形科益母草属

**形态特征：** 一年生或二年生草本。茎钝四棱形，微具槽，有倒向糙伏毛。叶对生，性状不一。轮伞花序腋生，多数远离而组成长穗状花序，花粉红至淡紫红色。小坚果长圆状三棱形。花期6～9月份，果期9～10月份。

**生长习性：** 喜温暖湿润气候，喜阳光，对土壤要求不严，但怕涝。

**药用功效：** 全草入药，活血调经、利尿消肿。

**观赏价值及园林用途：** 夏季的开花时候，花色淡雅，观赏性特别强。广泛应用于园林绿化，特别是在城市的河岸两旁。

**食用方法：** 夏季生长茂盛花未全开时采摘嫩茎叶，沸水焯一下后可凉拌，或与其他菜品一起炒食，也可炖汤食用。

# 220. 薏苡

*Coix lacryma-jobi* L.

**科属：** 禾本科薏苡属

**形态特征：** 一年生粗壮草本，须根黄白色，海绵质。秆直立丛生，多分枝。叶鞘短于其节间，叶舌干膜质，叶片扁平宽大，基部圆形或近心形。总状花序腋生成束。雌花成熟时总苞球形，光亮坚硬。花果期6～12月份。

**生长习性：** 多生长于湿润的屋旁、池塘、河沟、山谷、溪涧或易受涝的农田等地方。

**药用功效：** 种仁和根入药，种仁：利湿健脾，舒筋除痹，清热排脓；根：清热，利湿，健脾，杀虫。

**观赏价值及园林用途：** 茎直立粗壮，植株高大挺拔，可以片植、块植或丛植，是驳岸和水体边缘的重要水景材料。

**食用方法：** 熟薏苡种仁可做成粥、饭、汤、各种面食供食用。生吃易导致腹泻。

# 221. 玉簪

*Hosta plantaginea* (Lam.) Aschers.

**科属：**百合科玉簪属

**形态特征：**多年生草本植物。叶基生，成簇，卵状心形、卵形或卵圆形。花葶高40～80cm，具几朵至十几朵花；花单生或2～3朵簇生，长10～13cm，白色，芳香。蒴果圆柱状，有三棱。花果期8～10月份。

**生长习性：**喜阴湿环境，受强光照射则叶片变黄，生长不良，喜肥沃、湿润的沙壤土，性极耐寒。

**药用功效：**全草、根和花入药。根、叶：清热解毒、消肿止痛；花：清咽、利尿、通经。

**观赏价值及园林用途：**叶娇莹，花苞似簪，色白如玉，清香宜人，多配植于林下草地、岩石园或建筑物背面。也可三两成丛点缀于花境中，还可以盆栽布置于室内及廊下。

**食用方法：**采摘鲜花，去掉雄蕊，洗净，可炒食。

# 222. 玉竹

*Polygonatum odoratum* (Mill.) Druce

**科属：** 百合科黄精属

**形态特征：** 多年生草本，地下根茎横走，黄白色，直径0.5～1.3cm，密生多数细小的须根。茎单一，自一边倾斜，光滑无毛，具棱。叶互生，椭圆形至卵状矩圆形。花被黄绿色至白色，浆果蓝黑色。花期5～6月份，果期7～9月份。

**生长习性：** 耐寒且耐阴，适宜生长在潮湿环境中。

**药用功效：** 根状茎入药，养阴润燥、生津止渴。

**观赏价值及园林用途：** 叶色浓绿，花朵淡雅别致，常成片生长，被广泛应用于建筑、办公室和家庭装饰品等方面。

**食用方法：** 幼苗和地下根状茎为食用部分。嫩幼苗焯水后素炒、与肉类炒食、作汤食、蘸酱作凉菜拌食。地下根状茎鲜品，洗净用水浸泡一下直接上笼屉蒸食。最常见的食用方法是玉竹糖醋排骨和玉竹根茎炖鸡、鸭煲。

# 223. 诸葛菜

*Orychophragmus violaceus* (Linnaeus) O. E. Schulz

**科属：**十字花科诸葛菜属

**形态特征：**一年或二年生草本。基生叶及下部茎生叶大头羽状全裂。花紫色、浅红色或褪成白色，长角果线形，具4棱。花期4～5月份，果期5～6月份。

**生长习性：**喜阳，耐高温、耐寒性强。

**药用功效：**根、叶入药，消食下气、解毒消肿。

**观赏价值及园林用途：**花期长，主要在乔灌木绿化带下作为地被植物套种，花坛或者花盆种植。

**食用方法：**鲜嫩茎叶沸水焯熟后即可蘸酱、炒食、做汤。种子可榨油。

## 224. 紫背天葵

*Begonia fimbristipula* Hance

**科属：** 秋海棠科秋海棠属

**形态特征：** 多年生无茎草本。根状茎球状，叶均基生，具长柄，宽卵形。花粉红色，数朵，2～3回二歧聚伞状花序。蒴果下垂，具有不等3翅。花期5月份，果期6月份开始。

**生长习性：** 喜温暖、湿润的环境。常见在石缝中生长。耐阴，怕强光和干旱。

**药用功效：** 全草入药，清热解毒、润肺止咳、散瘀消肿、生津止渴。

**观赏价值及园林用途：** 叶子背面呈现出美丽的紫红色，常作为小型观叶植物，用于室内盆栽观赏和瓶景材料。

**食用方法：** 吃法很多，沸水焯熟后可凉拌、泡茶泡酒、素炒、荤炒、榨汁、烧汤、做饺子馅等，或与菌类素炒，或与肉类荤炒，或作火锅配料。

# 225. 紫萼

*Hosta ventricosa* (Salisb.) Stearn

**科属：** 百合科玉簪属

**形态特征：** 多年生草本植物。叶卵状心形、卵形至卵圆形，先端近短尾状或骤尖，基部心形或近截形；花葶可高达 100cm，花单生，盛开时从花被管向上骤然作近漏斗状扩大，紫红色；雄蕊伸出花被之外。蒴果圆柱状，6～7 月份开花，7～9 月份结果。

**生长习性：** 喜阴湿环境，耐寒冷，好肥沃的壤土。

**药用功效：** 全草入药，消肿解毒、理气止痛。

**观赏价值及园林用途：** 花雅致，株形优美，适宜配植于花坛、花境和岩石园，可成片种植在林下、建筑物背阴处或其他裸露的荫蔽处，也可盆栽供室内观赏。

**食用方法：** 嫩茎叶，洗净，沸水烫熟，清水浸泡除去异味，可炒食、凉拌或做汤。采摘鲜花，去杂洗净，可拖面油炸。

# 226. 紫花地丁

*Viola philippica* Cav.

**科属：**堇菜科堇菜属

**形态特征：**多年生草本，无地上茎。叶多数，基生，莲座状；叶片下部者通常较小，呈三角状卵形或狭卵形。花中等大，紫堇色或淡紫色，喉部带有紫色条纹。蒴果长圆形。花果期4月中下旬至9月份。

**生长习性：**喜光，喜湿润的环境，耐阴也耐寒，不择土壤，适应性极强。

**药用功效：**全草入药，清热解毒、凉血消肿。

**观赏价值及园林用途：**花期早且集中，植株低矮，成长整齐，株丛紧密，便于更换和移栽布置，所以非常适合作为花境或与其它早春花卉组成花丛。

**食用方法：**鲜嫩幼苗或嫩茎焯水后炒食、做汤、和面蒸食或煮菜粥均可。

# 227. 紫萁

*Osmunda japonica* Thunb.

**科属：**紫萁科紫萁属

**形态特征：**多年生草本植物。植株高 50 ～ 80cm 或更高。根状茎短粗，或成短树干状而稍弯。叶簇生，直立，禾秆色，幼时被密绒毛，不久脱落；叶片为三角广卵形，顶部一回羽状，其下为二回羽状；羽片 3 ～ 5 对，对生，长圆形。叶为纸质，成长后光滑无毛，干后为棕绿色。孢子叶（能育叶）同营养叶等高，或经常稍高，羽片和小羽片均短缩，小羽片变成线形，沿中肋两侧背面密生孢子囊。

**生长习性：**喜阴湿，怕旱，不耐高温，遮荫可促进萌发生长。

**药用功效：**根茎及叶柄残基、嫩苗或幼叶柄上的绵毛入药。根茎及叶柄残基：清热解毒、祛瘀止血、杀虫；嫩苗或幼叶柄上的绵毛：止血。

**观赏价值及园林用途：**终冬不凋。适宜作高档盆栽，布置厅堂或庭园半阴环境，或作大型水石景布置。

**食用方法：**嫩茎嫩叶可以作为食物食用，营养丰富。它可以生食或炒着吃，口感嫩脆爽口，味道清香可口。同时，紫萁茎叶还可以用来制作饮食作料，如凉拌菜、烹调菜肴等，具有香辣清爽的特点。

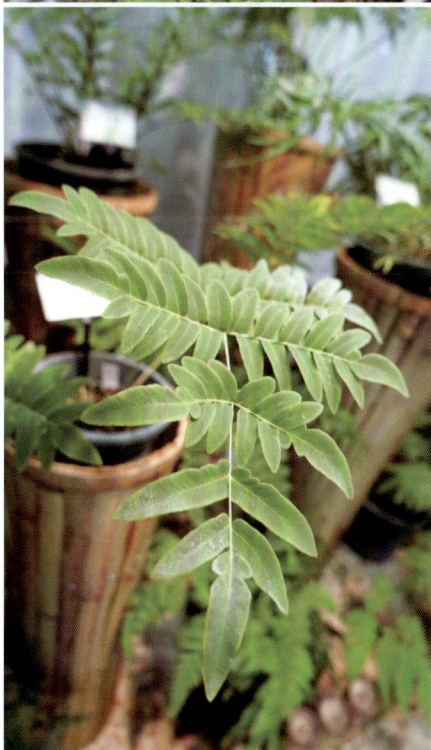

# 228. 紫苏

*Perilla frutescens* (L.) Britt.

**科属：**唇形科紫苏属

**形态特征：**一年生草本。茎钝四棱形，具四槽，密被长柔毛。叶阔卵形或圆形，膜质或草质，两面绿色或紫色，或仅下面紫色，上面被疏柔毛，下面被贴生柔毛。轮伞花序顶生或腋生，花白色至紫红色。小坚果近球形。果期 8～12 月份。

**生长习性：**喜温暖湿润的气候，对土壤要求不严。

**药用功效：**宿萼、茎、叶或带嫩枝、果实均入药。宿萼：解表；茎：理气宽中、和血；叶或带嫩枝：解表散寒、行气和胃；果实：降气、消痰、平喘、润肠。

**观赏价值及园林用途：**叶片颜色有绿色和紫色两种，风格迥异，其味道清新，还有如同薰衣草一样的紫色花束，用于布置庭院花坛、花境，适合庭院中墙边成片栽培。

**食用方法：**鲜嫩叶可食用，煮肉类可增加香味，也可以煎炸、生拌、火锅涮食。种子榨出的油也供食用。

# 229.紫菀

*Aster tataricus* L. f.

**科属：**菊科紫菀属

**形态特征：**多年生草本，根状茎斜升。茎直立，基部有纤维状枯叶残片且常有不定根。叶互生，全部叶厚纸质。头状花序，在茎和枝端排列成复伞房状，舌片蓝紫色。瘦果倒卵状长圆形。花期7～9月份。果期8～10月份。

**生长习性：**耐涝，怕干旱，耐寒性较强

**药用功效：**根茎入药，润肺下气、化痰止咳。

**观赏价值及园林用途：**株形美观，叶片细小，花朵密集，色彩明媚，对比强烈。可作为秋季观赏花卉，用于布置花境、花地及庭院。

**食用方法：**根或根茎可泡酒、泡茶、炖粥，幼嫩苗炒食。

# 230. 紫叶鸭儿芹

*Cryptotaenia japonica* 'Atropurpurea'

**科属：** 伞形科鸭儿芹属

**形态特征：** 多年生草本，叶片紫红色，广卵形，中间小叶菱状倒卵形。圆锥状复伞花序顶生，花粉红色。荚果线性。花期4～5月份。

**生长习性：** 喜半阴，全光暴晒下会焦叶，喜湿润、排水良好的土壤条件。

**药用功效：** 茎叶入药，祛风止咳、利湿解毒、化瘀止痛。

**观赏价值及园林用途：** 色泽艳丽，一般用作彩叶地被，在相对萧瑟的冬季，与佛甲草等常绿多年生草本配植，可起到取长补短和锦上添花的效果。作地被植物成片栽植时，与上层乔灌木进行合理配植，不仅能丰富群落层次，而且能增添景观效果。

**食用方法：** 嫩苗及嫩茎叶可以凉拌（须沸水焯熟后）、做汤、炒肉、腌渍等。

# 参考文献

[1] 刘启新主编.江苏植物志 [M]. 南京：江苏凤凰科学技术出版社，2015.

[2] 国家药典委员会编.中华人民共和国药典 [M]. 北京：中国医药科技出版社，2020.

[3] 雷载权主编.中药学 [M]. 上海：上海科学技术出版社，1995.

[4] 陈仁寿，刘训红.江苏中药志 [M]. 南京：江苏凤凰科学技术出版社，2020.

[5] 李新中，姬生国.生药学 [M]. 北京：科学出版社，2010.

[6] 林秦文.中国栽培植物名录 [M]. 北京：科学出版社，2018.

[7] 陈灵芝.中国植物区系与植被地理 [M]. 北京：科学出版社，2014.

[8] 江苏新医学院.中药大辞典 [M]. 上海：上海科技出版社，1985.

[9] 李经纬.中医大辞典 [M]. 北京：人民卫生出版社，2005.

[10] 彭怀仁.中医方剂大辞典 [M]. 北京：人民卫生出版社，1993.

[11] 中国医学科学院药物研究所.中药志 [M]. 北京：人民卫生出版社，1959.

[12] 中国科学院中国植物志编辑委员会.中国植物志 [M]. 北京：科学出版社，2004.

[13] 中国科学院北京植物研究所.中国高等植物图鉴 [M]. 北京：科学出版社，1972.